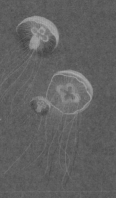

　　蚵、鲎、花跳、水针、虾蛄、沙蚕，还有龙咬仔、打铁婆、乖仔鱼……这些有趣的海洋生物，是藏在海洋里的小怪物，更是讨海少年心目中的神奇宝贝。

　　当然，有知识、有插图、有故事、有漫画的这本书，也将会是你的好朋友。

CANG ZAI
HAIYANG LI
DE
XIAOGUAIWU

藏在海洋里的小怪物

朱家麟——著

海峡出版发行集团
THE STRAITS PUBLISHING & DISTRIBUTING GROUP
鹭江出版社
LUJIANG PUBLISHING HOUSE

2020年·厦门

目 录
CONTENTS

龙咬仔

鰕虎鱼亚目鰕虎鱼科鱼类。闽南海域主要有俗称姑豚仔的舌鰕虎鱼 *Glossogobius giuris*，俗称蚵鸽仔的犬牙细棘鰕虎鱼 *Acentrogobius caninus*，俗称条仔的拟矛尾鰕虎鱼 *Parachaeturichthys polynema*，等等。

九岁那年，暮春，筼筜港岸边"破塭仔"——鱼塭放水捕鱼，讨海少年闻风飞来"捡塭屑"，塭沟里晃动一片小屁股和鱼篓，紧随塭仔人，一路扫荡而去。

福建人从宋代起，成规模畜鱼殖贝。直到半个多世纪前，厦门岛西边的内湾筼筜港，从南岸入海喇叭口的造船厂、北岸崩坪尾起，到湾底的江头，两岸十几里长滩涂上，散布一方方围塭，像问天讨食的大口。

早期鱼塭是利用港汊就势围建，后来也在滩涂挖沟垒岸。塭田上播养蚶、蛏、蛤，也能堆石养蚵。塭沟里蓄水，甚至还堆些树枝瓦片，引诱泛游的鱼虾蟹勾留，这是人工鱼礁雏形。流浪海族见有免费客栈，欣然入住。龙咬仔，同族的蚝佬仔等等，属于由暂住转而营穴定居的鱼口。

隔一段时间，塭主在塭门插网，开闸漏鱼。完了，再下塭沟清捕未随流而去的鱼虾们，讨海少年这时可以尾随捡漏。

我原在岸边挖蛤仔，眼见塭沟里，好几条龙咬仔从千军万马踩过的烂泥中钻出，张合阔口喘气，立马放下锄头，踩入泥沟，把它捡入小桶。

就这一步，踩入了十年的讨小海生涯，变成一个讨海囝。

我永远感谢十年讨海生活的教益，这种被称作"割肉饲嘴"的艰苦劳作，日复一日锤锻我的内心和体魄，让我早早认识生活的艰难，珍惜天地人间的恩情，不惮风浪，也不服魔邪。

一次偶然，有时就这样影响了一个人终生的品格。

龙咬仔们大多生活在浅海，喜欢在软泥里挖"Y"形管状洞穴居住，也和远亲花跳鱼一样在里面设置产房。

它的族亲各有自己的营生方法，比如在多沙的蚝田，如果你看到有一对碧水汪汪的两个圆洞，从洞口之间踩下，随同水柱喷发出来的是一尾满身青绿鳞、闪着蓝斑的蚵鸽仔；在养蚵滩涂，有身材肥短、尾巴散败如破葵扇的蚝鱼……它们都硕头大眼、阔口鼓腮、身形圆长如锥，到尾巴才膨出一柄小蒲扇，极少数种属，会渐渐减缩而成尖尾。种属的分异，往往借这柄小蒲扇的形状来确认。鰕虎鱼杂食，索饵多靠视觉，尾部膨大的种类，扑食猎物的爆发力应该会更强一些，小尾巴的肯定只能猎食那些行动缓慢的对象。

　　鰕虎鱼族群十分庞大，两千多个种，分布于海淡水世界，居鱼类"多样化"榜首，分类学把它列为一个亚目，其最大者长过半米，在鱼世界里算是一般；而最小种长仅一厘米，以小而冠天下。

　　千姿百态的鰕虎鱼形态，与讨海人的奇异劳作方式一样，都是适应环境的结果。

　　渔民传说，龙咬仔因为形体有一点龙子模样，备受龙王宠爱。一次海族大会，龙王赐言："朕恩准你食用鱼虾，一月长一寸，一年长一尺。"

　　龙咬仔忘乎所以，谢恩道："我一年长一尺，十年长一丈，就超过你了。"

龙王醒悟，又不好收回天言，于是雷霆霹雳："那你就当年生当年死，永远比不上朕！"从此，龙咬仔们在春季产卵后即死亡，最大的就是二三十厘米。不过偶尔有敢抗命的，竟能活到三年。

龙咬仔只吃活鱼虾蟹，偶然用藻类充饥，肉质软嫩，味道自然十分鲜美。四鳃鲈一向是上海松江人的骄傲，奉为"江南第一鲜"。但是清代王有光在《吴下谚联》里说："今松人不称四鳃鲈者，以鰕虎鱼夺之也。"

难怪前两年，濒危的四鳃鲈人工繁殖后复出，店家原来期望价同鱼翅，不料竟少人问津。他们忘了早在清代，鰕虎鱼就把上海人的骄傲搞没了。

良材无须好功夫。煮龙咬仔最简单了：姜末爆过，注豆油水，放下鱼滚沸两下，冒出了猪肉香气，撒下葱段或蒜段，就可以出锅。荤素交互见功，龙咬仔鲜美如丝丁鱼，肉质则稍稍结实，腴嫩时节有些不胜箸剪，海边人往往从腮边将它夹起，整条置入碗里，吸肉带汁入口。

只有一个时节的龙咬仔，你莫理睬。闽南渔谚说，十二月龙咬仔卡瘦狗——比饿瘪的狗还瘦。

老经验斗不过新科技，现在市面卖的长尾鰕虎鱼，是大型鱼塭里养的，渔农会把它调理到肥腴了，再捞出来卖。

蛳仔

中文名寻氏肌蛤，学名 *Musculus seilhousei*，贻贝目贻贝科贝类，俗称还有虾海仔、乌蛤、乌黏、乌蜒、水彩断齿蛤。

蛳仔曾经是厦门最贱的贝类，除了城里人称它蛳仔，农村通称土鬼，压根看不起它。李唐赵宋朱明多少个朝代过去了，谁都没有想到，它也会像面线糊一样，突然有一天昂首步入高档酒楼的宴席。而在街头巷尾的海鲜排档，"最具人气配角奖"早就非它莫属了。

初到厦门的客人，看到这细小贝类，两弧油亮的玻壳大张，托出一颗橘红的肉囊，犹如碧叶捧出红花，

虽然有些俗丽，但夹吃两个，抿一口啤酒，顿时被这浓鲜与冷冽的绝妙搭配惊艳到了。一气扫净了，招呼点菜小妹：这个，这个海瓜子蛮好的嘛，再来一盘。

第一次听餐厅小妹称它"海瓜子"，是二十多年前的事，一听就像野导在耍弄外地人。笑罢了想，这诨号还名副其实呢。一抿一吐，一个接一个，断不了口，确实像嗑瓜子。

后来知道，北方沿海有些地方，真的称它海瓜子，当然也有用这名字称呼其他小蛤类的。

蛃仔以络丝相连，野蛮生长，衍生得成摊成片，斑斑块块散布在潮间带的涂坪和海底上。

早年，我们这些讨海少年夏季的活路之一就是"洗蛃仔"。

涂坪上的蛃仔多是人工养在塭子里的，算是有主之物。所谓"塭子"，就是在滩涂上，利用地形筑坝蓄水，既可以不受潮水限制养殖鱼虾蟹贝，也表示领有这个空间。

只有笾笪港底是公有空间，任谁都可以去挖洗，但是要有好水性。

到笾笪港底洗蛃仔，和洗浒苔一样，也是两个人搭档才好。水性好的那一个，腰系绳子，一端绑着木桶，往港心游去。到了蛃仔多的地方，深吸一口气，低头翻转身子入水，双脚蹬踢，下潜到两三米、四五米的港底，挖一片连沙带泥的蛃仔上来，放入木桶。换口气再潜下去……桶满了，游回来。水边的那个人呢，用一只脚，在竹皮箩里不断轻踩翻搅，直到一拖拖蛃仔里的泥沙尽去。

采挖到笾笪港水深处，岸边就有人喊话过来，说，顺治皇帝的战船就沉在那里哦，好好摸摸，顺手把纯金的皇帝帽捞上来——这是笾笪港古老的寻宝神话，就像砍柴的唱山歌，穷开心。倒是有一回，哥哥潜入水底，正好有两大一小的妈祖婆鱼——中华白海豚从近旁水面游过，我骇然大喊。旁边人说，没事，妈祖婆是镇港鱼，只打鲨鱼不伤人。果然，哥哥和他的蜎仔桶，在粉红的鱼体之间现出来了。

到围埝洗养殖蜎仔的渔民，驾着双桨仔船，退潮时候泊到埝里的涂坪上，然后挢起宽衣大裤下船，把涂坪上的蜎仔成片挖起，装进笆篓，运到埝沟边踩洗。等到潮水涨起，白花花的海浪"哗哗哗哗"涌过来，把船托浮起来，站在齐腰深海水里的渔人，借水的浮力，把一笆篓一笆篓洗净的蜎仔托提上去，码在宽大的船肚里。桨声欸乃，载着渔民和高叠笆篓的双桨仔，划向美头山下。桨橹画出了两道浪，把港路边的红树林摇晃得沙沙作响。

双桨仔靠岸了，码头上等候的板车、三轮车夫，帮忙把一笸篓一笸篓蜗仔，装叠上车，载往各个市场。

料理蜗仔的麻烦，是要脱去那些相互纠缠的足丝。旧时的方法，是用方形筷子或大一些的竹条将一拖拖蜗仔搅成一串，再把蜗贝撸下。现在市场卖的，都已经剥离成干净单个的了。不过扯去了足丝的蜗仔容易死臭，摊贩须冰镇保鲜。

蜗仔入夏就肥美，以夏末最肥。春头壳色还亮绿多彩的蜗仔，到暑热时节壳色已经暗紫，但是掩遮不住成熟贝肉的橙红，一堆如碎玉玛瑙似的。

旧时，厦门周边海域辽阔，蜗仔出产太多。多到了无处可用，要么晒干取肉，要么饲鸡喂鸭。

夏天，大人们从市场挽回一篮子蜗仔，干炝一大盆子，绿碌碌黄澄澄的，孩子们捧着坐到石门槛上，一边借穿堂风纳凉，一边吃这应令零嘴。

余下的浓汤呢，下两片米粉，起锅前撒下丝瓜块、韭菜花。丝瓜脆嫩，贝鲜韭香，这样的汤食补汗、解暑，最要紧的是便宜。

另一种家常食法，是热锅爆过了蒜头，放入蜗仔，与葱白、红辣椒丝烈火快炒。片刻，蜗仔就开口了，此时泼下酱油，翻炒两下均匀咸淡。起锅，蓬蓬松松一大碗，五光十色，金碧辉煌！要再完美就勾一点薄芡连酱油一起泼下，一盘蜗仔油光闪闪，笑口大开，凸出肥肚子来。我家小院里种了几株紫花九层塔，葳蕤蓬勃一大丛。掐几片叶子下锅同炒，出锅的蜗仔，就澎湃着罗勒科植物的浓烈药香。

有一回到朋友家做客，她炒的蜗仔气味郁烈，略带南洋之风，一桌人赞不绝口。探问谜底，她披露的"秘籍"是，用厦门伊面的汤料作味!

潮汕人极喜爱他们唤作"薄壳"的蛔仔，食法比厦门更多。氽、炒、炝、煮、腌、晒，几乎各种技艺都拿来演练一遍。比如把肉剥出来，炒葱做小菜、炒粿条、炒干饭等等。据说汕头一家餐厅推出"时令薄壳宴"，用蛔仔和其他食材配伍，烹制出二十几道美味佳肴：野菊花薄壳米、芦笋薄壳鸡、笋丝薄壳卷、雀巢甩薄壳、金瓜薄壳钵、芙蓉蒸薄壳、野菜汁薄壳羹、荷叶薄壳饭、薄壳饺，等等。连我这海边囝都惊叹，小小蛔仔竟可以做出如此繁多的美食。

闽东人把蛔仔称作"乌黏"。他们把乌黏倒入滚汤，氽到壳肉分离，荡动汤水撇掉空壳，最后捞起肉粒来。肉粒加蒜葱姜炒过，再把汤水倒回，慢火收干汤汁，复原了滋味。

这种做法很顺应当今消费习惯，贪婪的舌头无须因剥食而发疼。代价呢，是失去了消磨时间的悠哉。其实很多时候，我们消费的就是打发无聊的闲适。

打铁婆

中文名金钱鱼，学名 *Scatophagus argus*，鲈形目刺尾鱼亚目金钱鱼科金钱鱼属，俗名还有变身鱼、变仙鼓等。

有位叫刘家谋的前辈，写有一组《台海竹枝词》。内中《回头乌鱼》一首别出心裁："郎船可有风吹否，新妇啼时郎识无。怕郎不见遍身苦，劝郎且作回头乌。"

嵌入于这首竹枝词中的四种鱼，有的我真不懂。

"回头乌"，是冬季到南台湾海域产完卵、回游大陆的乌鱼。

"新妇啼"，有人说是翻车鱼——鱼肉含水量大，烹后因为失水，肉会缩得很小。古书上说，新娘子初下厨烹调，怕婆婆嗔怪偷吃，暗暗流泪叫苦，于是生出了"新妇啼"的名称。

也有人说，它指的是肉质水嫩嫩的丝丁鱼。不过对照丝丁鱼性质，这种猜测显然不成立。

至于"风吹否"，我看了多本鱼类和渔文化的书，也查不出答案。

奇妙的是"遍身苦"，谜底竟是金钱鱼。

金钱鱼一身金碧，尾部翠黄，身上散缀着古铜钱似的深绿或浓褐色斑，叫"金钱鱼"有些形肖。

可是它如何变成了"遍身苦"？ 查究许久，才明白又是一个语言讹传衍化的故事。

金钱鱼因为受惊吓时会发出"鼓、鼓"的叫声，原来也叫"金鼓""金钱鼓"。它的身形侧扁，又有人把它称作"扁金鼓"，后来也写作"变金鼓"。

"变金鼓"在闽南话里，和"变身苦""遍身苦"读音相似，后者情感色彩又更强烈些，尤其切合甲午战争以后被割离祖国、沦为异邦臣民的台湾民众心情，于是流行。

金钱鱼，就这样变成了遍身苦。

遍身苦，在闽南叫打铁婆。

我第一次见识打铁婆，是盐场外"漏大埕子"的时候。

随埕水泄到埕口虎网的各类水族，从网尾兜被倾泻入宽大的竹皮箩，蹦跶或者挣扎一阵，也就喘大气认命躺下。即便骄横的青蚵仔，慌闯乱爬后，怒恨难消也只能一口口长吹白沫。

独有这种怪鱼，奋力跃出箩外，在地上反复摔跌，自责不止："你怎么这么傻！你怎么这么傻！"

它摔跌得很有水平，正面、反面，正面、反面……毫不错乱，

如同铁匠砧上迅速翻转的红铁胚，闽南人便称它"打铁婆"。我在日本看到有的留学生报纸把英文单词"政变"译作"苦跌打"，就想起它的模样。

围在埠口等着"捡埠屑"的讨海囝们，趋前捉它，立时被喝住，别碰！

打铁婆的背鳍，竖着十来根强壮毒棘，在毒鱼排行榜上是挂了名的。毒性虽然稍逊青枚，却能在人的皮肉上拉开伤口。

闽南海域，凡鱼皮糙厚、鳞甲紧实，特别是嘴脸有些走样变形的，很多都被冠以"打铁婆"名号，算起来有十几种。

其实，真正的打铁婆，是这种能借大地之力，自我批判、自己打脸的金钱鱼。

把打铁婆叫作"遍身苦"，也不是没有一点道理，打铁婆的幼鱼吃起来，是有点发苦。

两岁的打铁婆，有成人手掌大小。春夏当令品食它，肉质犹如石鲷，可以干煎，而煮汤更有一股迷人的香气。扫去细鳞的鱼皮，吃起来有鳗鱼皮黏韧的口感。

打铁婆的幼鱼，群栖于河口，长大后才迁移至岩礁水域，离群生活。幼时身上的黑色条纹，也慢慢收凝为黑褐斑点。成鱼的体色，更会随环境变化而变化，时深时浅，特别漂亮。

打铁婆是大自然送给闽南海边囝的生物智能玩具。孩子们捞起打铁婆幼鱼，养在海水里，每天换水时慢慢兑入淡水。经过一段时间驯化，打铁婆竟可以在纯淡水里生活了。

东南亚还有一种体色银白的打铁婆，相对于闽南常见的金鼓，称作银鼓。水族爱好者们给它起了更诗意的名字：黑星银鲱。

打铁婆终于被人类发现了它独特的存在价值，被请进了水族馆或者现代家庭客厅的玻璃水箱里。金鼓银鼓，在萦萦水草间梭巡穿游，鳞光闪耀，高兴了就变幻一下体色，优哉游哉。这时候，再叫它们打铁婆或是遍身苦，就很煞风景了。

被赋予新功能的金钱鱼！

我想，再没有什么鱼，能比它更直观地阐释鱼类之于人类的价值故事了。

打铁婆

DATIEPO

狗鲨

狗鲨，中文名条纹斑竹鲨，学名 *Chiloscyllium plagiosum*；白鲨，中文名尖头斜齿鲨，学名 *Scoliodon sorrakowah*；春鲨，中文名灰星鲨，学名 *Mustelus griseus*，等等，均属软骨鱼类板鳃亚纲侧孔总目鱼类。

人类总喜欢用熟悉来命名陌生，对水族也是如此，譬如鲨鱼：狗鲨、虎鲨、豹鲨、猫鲨、老鼠鲨……

不过，任何比喻总是蹩脚的。就说狗鲨吧，古人称它头形如狗，实在有些勉强，它只是鼻眼间略有犬类的灵气。它的大名条纹斑竹鲨还比较靠谱，因为它们身上有竹节一般的纹路。虎鲨呀老鼠鲨呀，也大略如此。

筼筜港还没被截断围海造田之前，筼筜港北岸水隈，大约现在广电大厦的位置，有一丛卵圆的黑褐色礁石压倚交叠，满潮时都淹入水里，退潮则大半出露水面，块垒峥嵘。礁石在水下的间隙，有暗洞通连，狗鲨就藏匿其中。

后江埭一带讨海仔最隆重的成年礼，是泅渡到对岸的磊石洞里捉狗鲨。

谁都明白这道考题的厉害。

横渡海湾对这些整天在海里撒野的孩子来说，连屁事都算不上。莫说退潮时筼筜港水面剩下的只是一条窄窄海沟——即现今的湖滨南路到湖滨北路之间的空间。就是满潮时候，泅越一千多米宽海面——从当今禾祥东西路一线，游到对岸仙岳山下，偷挖地瓜或者攀采野番石榴，吃个肚子圆了再游回来，也是家常便饭。

这道考题的阴险之处是，进磊石洞须能够憋两三分钟的气，潜入曲折洞穴后，还要借水下幽光抓到狗鲨，而且在洞里转悠了还要出得来。要是摸不到出口，困在洞里，一口气用完了，就算捉到狗鲨，也赔了小命。

讨海仔们谁吵输架不服气，奚落对手的最后一句话就是："有种？去摸狗鲨！"

很遗憾，一直到我长大离海上山，我这一茬讨海少年里，包括我，没人敢赌命去磊石洞里逛一遭，通过成人仪式。

鲨鱼号称海中霸主，不是浪得虚名。鲨鱼的锋利牙齿能轻易咬断手指般粗的电缆。有些鲨鱼有五六排牙齿，除最外那排牙齿，其余为备用，十年内竟要换掉两万余颗。

不过狗鲨只有平平常常的细小牙齿。

狗
鲨

GOUSHA

15

除了狗鲨，厦门周边近海，长年可以捕到的还有一些"皮肉皆同，惟头稍异"的小鲨。譬如梅花鲨，又名红狗鲨、软狗鲨；斑点皱唇鲨，也叫斑点丽鲨。这两者模样都和狗鲨相近，但头部较扁，身上是散斑。

白鲨，正名是尖头斜齿鲨，尾部如帚，喜欢成群在海里巡游。它身条修长，头也很尖长，只在头侧露出小小阴森眼睛和一对水孔，上下颌光滑尖利的牙齿都朝里倒，好像时时在把东西吞进胃里。小时候看到它，我总想起报纸漫画中的美国种族迫害狂三K党：一身尖顶白袍，只挖出两个眼洞，森森可怖。

灰星鲨，土名春鲨；翅鲨，大名下盔鲨；花点母，也叫沙条，官名白斑星鲨，体背锈褐色，腹面灰白，身上有白色斑点……

和可怕的相貌相反，这些小鲨鱼们其实生性温良，行动缓慢。它们多栖息于沿海礁沙混合且海藻繁生的海床，白天躲在礁石内，夜晚才出来觅食。

厦门市场上最常见的是狗鲨、白鲨、春鲨。

狗鲨大的有三尺长，寻常的只有一尺多两尺，重量数斤。它们生命顽强，脱水两三个小时不会死亡。

狗鲨的体表和其他鲨鱼一样，布满由其先祖盾皮鱼的甲鳞特化而来的沙鳞，粗得像八号砂纸。宰杀鲨鱼的关键是除鳞，而除鳞的关键是水温。水冷了，沙鳞脱不了，太热会脱皮。

熟手们处理鲨鱼，只放在大锅滚水里翻转一下，或者放脸盆里用开水冲淋，之后拉到水槽用竹刷趁热扫除。当然，你得朝外刷，而且不能用力过度，否则沙鳞溅你满头满脸。

我家当年不时会吃狗鲨。母亲所以买狗鲨，是因为它便宜，从前是穷人的专属食品。

但是，现在一斤狗鲨要卖三五斤带鱼的钱了。

　　狗鲨身价这些年来高腾百倍，缘起于一个传说。传说有人用黄曲霉素喂了八年，一群鲨鱼竟没有一条长癌的，理由是鲨鱼能够分泌一种破坏癌细胞的酶。

　　从科学上支持这种说法的首先是美国人。一九八三年，美国麻省理工学院的两位生化博士在权威的《科学》杂志上发表文章称，鲨鱼软骨中的角鲨烯可抑制癌细胞的生长。一九九四年，美国食品与药品管理局 (FDA) 正式批准用鲨鱼软骨制品防治癌症。鲨鱼被视为癌症的绝缘体，它的软骨粉成为治癌良药，一时间风靡全球。

　　鲨鱼的"抗癌功能"犹如羽毛之于孔雀，成了致命祸根。癌症患者死命吃，引领时尚的广东人竞相吃，嗜吃鱼翅的中国人加倍疯狂搜购，全世界都疯捕鲨鱼。

虽然现在科学家已经澄清了"鲨鱼哥传说"，例如公布了至少二十三种会长肿瘤的鲨鱼名单，但狗鲨身价依然凭借惯性而坚挺。最近又有人宣称鲨鱼体内存有大剂量的抗癌物质维生素 A，这就有点搞笑了，富含维生素 A 的食品多着呢。

鲨鱼肉味清淡不腥，所以烹饪它一般用清蒸油淋或煮豆油水，红焖、盐烤，片肉作羹、肉泥煎饼也都行。

厦门人也经常顺肌理把鲨鱼肉切成三五厘米长条，用盐和料酒腌过，与太白粉、胡椒拌匀，油锅七分热时放下炸至浮起，与蒜段、辣椒同炒，叫作炒鲨鱼条。将它裹五香粉炸，也是简单的上佳做法。

餐厅里比较经典的做法是狗鲨一鱼两吃：鱼肉清蒸，鱼头和骨头拿去煮酸菜汤或酸笋汤。厦门稍有规模的海鲜排档，海鲜池里几乎都活养着狗鲨，让食客临池选鱼。两三斤重一条的，就可以两吃。

厦门鱼谚说，"六月鲨，狗不拖"。狗鲨在每年的三至六月生殖。产后的狗鲨，体羸肉枯，质味很差，这个时候进市场、上排档，你得记住不能选它哦。

中文名灰海鳗，学名 *Muraenesox cinereus*，鳗鲡目海鳗科海鳗属。福建通称鳗鱼，厦门称为白鳗，俗名还有牙鱼、黄鳗、赤鳗、海鳝、海鲋、长鱼等。

厦门岛的内湾筼筜港，原来湾岸曲折，婀娜多姿。二十世纪厦门开始现代城市建设之后，沿岸多处筑埭——即水坝，以拉直道路或者开拓盐田、鱼塭，留下了不少带有埭字的地名，后江埭即其中之一。

现今的禾祥东路，从后滨路到后江埭路这一段以南，原来有一个布袋状的小海湾，名叫后江。二十世纪三十年代，有人出资建了石墙埭，把海湾截成一个有数百亩水面的大埕，养殖鱼虾蟹贝。新中国成立后，农村发展集体化，后江埭大埕归给了美头山下的渔业大队。

渔业大队每年要拉起涵口闸板，泄干大埕，收获黄翅、红虾、乌仔、青蚶等名贵海产，叫作"漏大埕"。漏大埕的那两三天，是周边讨海少年的盛大节日，谁都可以不问潮汐昼夜，在埕里捡漏。

大埕中间，是一条长不过百米的深水沟。漏埕时，除了涵口深坑，这里也有不少余水，成了埕中水族逃生之处。深水沟里最多的是海鳗，因此人人叫它鳗沟。鳗沟最深处据说也不过一米多，却从来没人敢下去。海边人深知海鳗牙齿的锋利，咬断手指只是轻巧功夫。

我们帮里个子最小的黑皮，胆子奇大。那天他一声不吭跳下沟里，三摸四搅，居然撩了一条大鳗上岸！

那大鳗一落地面，迅即仗尾腾立，正好和跳上沟埕的黑皮迎面相撞。黑皮顺势抱住它，一起摔倒，把它压在身下。我们拥上，团团把黑皮和海鳗压住。怎奈它蛮力劲猛，从黑皮怀中窜滑出去，又挣脱了我们的拦围。

大鳗窜动两下，打挺跃升，深褐皮色在烈日下划出一弧艳光炫目的抛物线，从半空栽入鳗沟，像炸弹落水，砰然溅出一连串环状浪片！

我们惊呆了，站在沟边看慢慢散开的漪涟，嘿然半天：失之交臂的这条海鳗，一米三四长，大腿般粗，是二十斤还是三十斤？

一帮人随即转战另一个去处——鳗窟。"鳗窟"是我们起的名字，这是埕边乱石堆中的一片泥沼，烂泥里有锋利蛎石，平素无人敢涉足，因此历来也是海鳗的匿身之所。漏埕时总有海鳗躲回这老巢，委曲求生。

海鳗靠尾巴攒洞，入洞之后，会在泥面上保留洞口以供呼吸。

我们围着一个个气孔踩鳗，也切断它的气路。海鳗耐力极强，凭一口气就能在泥底蛰伏很久。明明踩住了，又被它窜滑走。如此折腾近半个小时，它们的滑动明显无力。

终于踩住了一条。我俯身在泥里摸到鳗头，掐住它腮后软处，拉出泥面。它猛力甩尾挣扎，我小心在乱石间探路上岸。哪承想，旁边一个高我一头、绰号"老鸽二"的家伙，伸手揪着鳗尾和我上岸，说是他捉的，把鳗抢过去。岸边围看的罐头厂工人说，你不能以大欺小，揪尾巴怎么能抓到鳗？

那家伙悻悻说，那至少对半分。

碰上这种人间海鳗，你打不过他，只能认倒霉。老鸽二在岸边找来一块石片，把海鳗剁成两截，我分头，他分尾。

重下鳗窟，很快又踩到一条。这回我不动声色，用另一只脚寻到它的头。弯身，迅速拔起，快步上岸，装入布袋，洗了手脚回家。

两条海鳗都有我小胳膊粗，长过两尺，大约每条三四斤。

厦门人把海鳗叫作白鳗，其实不太准确。龙海渔民把它称为海鳗，以区别在经历海淡水生活历程的鳗仔和芦鳗，虽然也没能将它与别的海鳗彻底分清，总算明了一点。海鳗头小而长吻突出，躯干粗圆，脊背是暗褐色，体侧褐灰，泛射青森森的冷光，腹部则乳白如脂。

它活动起来，那叫一个蛇蜒狼奔，悍猛迅捷。那一张深裂到眼下的大口，张开如鳄鱼，能咬住直径大过它自身躯干数倍的猎物。厦门港渔民老阮说，他捕到一条大海鳗，扔入船肚，不久一位女船工走过，那海鳗竟然跃起咬住她的胳膊，一下子深咬入肉。

老阮说：幸好啊，人血是酸的，鳗牙咬到血后发软，咬不下去。要不，那家伙一甩尾，鳗牙转一圈，女工胳膊肉就被切断了。

人血究竟是酸的还是碱的，鳗牙触血是否会发软，至今无人研究。不过，海鳗那一口牙齿的构造确实极有讲究，谁都知道那口牙的厉害。

它的长嘴尖吻前端，突起数枚倒钩犬牙，用来钩住猎物。入嘴后，上下颌长有对合的咬嚼牙。厉害的是，上颌两排咬嚼牙的中间，有一列锋利的宽薄牙片——专业名称叫中行犁骨牙，有如铡刀，能把猎物一切两断，这是其他鱼罕有的。冲着这一排"铡刀"，有的地方也称它为狼牙鳝。

狼牙鳝们有时真的会像狼一样吞咽猎物。老鱼商庄文德说，早年他上船买了一条十来斤的大海鳗，剖开鳗肚，里头一只一斤来重的墨鱼，竟然毫发无损。看来这刀锋战士，有时也用囫囵吞食的快捷方式。

强悍霸道的海鳗，在暖水海域流窜征讨，所向无敌，成就了它在闽南文化生灵图谱里的枭雄形象。人们坚信，海鳗的强悍生命力，可以通过食道注入人体，铸就爱拼敢搏的胆气。

就是鳗头鳗尾鳗鳔，也各有功效。厦门港鱼谚说："鳗头治头风，鳗尾四两参。"鳗鱼头炖当归，是闽南民间治头风、补头脑的验方，当归除了药力，兼带压腥调味，两者堪称神仙伴侣。

形如条状气球的海鳗鳔，据说也能治胃病，道理如同石首科鱼类的鳔。别小看这轻飘飘的东西哦，稍大的一条海鳗鳔，价格可以卖到整条鳗鱼价格的两成。

厦门菜市场上经常有摊贩放海鳗在地上乱窜，以此证明野性，其实它们大多是从漳浦养鳗场运来的。漳浦的"旧镇海鳗"，已经获得国家地理标志认证，算是特色名产了。

野生海鳗肚皮粗糙些，颜色较深，色泽有些哑光感觉，但是腹白上布有血色丝网。养殖的呢，体色铜红，细皮嫩肉。

海 鳗

HAIMAN

花跳

中文名大弹涂鱼，学名 *Boleophthalmus pectini-rostris*，鲈形目弹涂鱼科大弹涂鱼属，俗名还有泥牛、泥猴、花鱼等。

花跳，是大弹涂鱼科中的最大者。它的大眼睛高高突出，好像头顶上缀着两颗豆子，憨憨地咧着张开成一字的大嘴，在泥滩上晃头摆尾扭行，顺势以下颚在泥地扫食，吃相很丑。福州人早先称它江犬，又因为它"登物捷若猴然"（《闽中海错疏》），管它叫泥猴，还有地方称它泥鱼、海狗。

闽南人一般称它花跳，龙海渔民称它空锵——脑壳上愣愣凸出一对大眼，成天有事没事地在滩涂跳耍，就是个二货啊！

早年的厦门筼筜港，每天退潮后，两岸袒露出广阔的滩涂，能够在这滩涂上旁若无鱼地弹跳戏耍的主儿，确实只有花跳。

人说"鱼儿离不开水，瓜儿离不开秧"。花跳可不理这一套，它凭借胸鳍和尾柄的力量，在滩涂、岩石上任意爬行跃跳，甚至攀爬到红树碧叶密密簇生的枝梢捕食昆虫。

它的皮肤，尤其尾巴的皮肤以及口腔黏膜下布满微血管，可以代偿鳃的呼吸功能，补充氧气。不过一段时间后，它还是得到水里滚滚泥浆润润身。

尽管如此，一条花跳，已经形象地诠释了动物从海洋到两栖过程中的那一节华彩乐段。

花跳傲视群鱼的不止于此。在南方内海鱼类时装比赛中，花跳是当仁不让的冠军：通体蓝灰，只有腹部浅白，第一背鳍深蓝色，第二背鳍灰蓝色，腹鳍浅黄色，尾鳍灰黑色；头部、体侧和鳍翅上，星布着金蓝小点——很炫吧！

它的第一背鳍颇高，五根鳍棘扯开了布满金蓝斑点的弧形鳍翅，极为华丽。弧形鳍翅原本应该像部落酋长头饰那样，用作头上插羽或者冠冕，但是为了时髦，它被推到颈部，成了短斗篷。

而第二段背鳍是短弧鳍条，一直伸展，几乎和尾鳍相接，算是长燕尾服。尾鳍也很华丽，鳍条间是规则的金蓝斑。

最后，它的胸鳍、尾鳍均为尖圆形，也是时尚剪裁——很有时下型男的做派。

夏秋时节，雄性花跳用这样的装束跳摇摆舞，不时腾跃侧翻——最高可以跳到超过体长的高度而全不惧跌打损伤，如果有诸多"淑女"

在场，跳跃就更来劲了。

说白了，这是所有雄性通用的求偶表演。

某位相亲者有意思了，会"唰唰唰"爬过来，同样展开华丽背鳍，睁大眼睛近距离仔细相看他。

如果相亲者还表现出犹豫，雄鱼就反复钻入钻出洞穴，动作有些滑稽，意思是热切明白的："请跟我来！请跟我来！"

雌鱼一旦来电，就尾随入洞，雄鱼迅疾用泥团堵上入口。它们在两人世界共度甜蜜时光。雌鱼产完卵就开溜了，把后事甩给男方。此后，雄鱼必须保护那些黏着在产卵室壁上的鱼卵，承担种种育婴家务，从洞外吞含空气为幼鱼供氧。从择偶到护卵、育儿义务的处置方式看，花跳是女权优先的族群。

对赤手而渔的我们，潮间带的花跳，是最经常捕获的鱼类。

花跳的渔法有七：

一是像我外婆所用的泉州"蟳埔阿姨"挖法，一是掘法，一是灯照法，一是钓法，一是钩法，一是陷阱法，还有一种是整个筼筜港只有我们两三个人才会的独家战法。

花跳喜欢在底质为烂泥的泥滩钻洞穴居，洞穴为"Y"字形——正孔口用于进出，后孔口是暗门，也用于换气，而深入地下的孔道除了供躲避敌侵，也做婚房和产孵室。外婆她们常常选择花跳孔穴多的泥沼，以手掌为锄，沿正孔挖下，穷追不舍，有时挖到尺把深，把鱼逮住。

掘法大致相同，只是用轻巧的海锄头代替手，不怕泥硬穴深。

灯照法是在春夏的月黑夜，像照泥鳅一样，用手电筒突然照向滩涂上的花跳，鱼眼花了，就擒。

钓法是旱钓。钓花跳的人持一根细软竹竿远远站定，抛出四眼

钓钩在花跳眼前拉动，花跳或许也知道这是"阳谋"，但疑惑那明晃晃的钓钩是何新鲜事物，慢慢近前，猛然扑钩，上钓。

有人还见识过惠安师傅的功夫：站定看准，"嗖"的一声飙出缀着铅块的八面钩，将花跳钩将过来——这是钩法。

陷阱法比较阴险：将专制的竹筒或者小竹篓，预先插入多花跳的泥沼，一线布去，然后回来巡视。花跳见人来，寻洞就钻，常常就钻入陷阱。

我们常用的是简单的恐吓法。

潮水漫涨的时候，尤其在热天中午，在泥涂上觅食半天的花跳们，腾挪欢跃累了，到港路边迎潮：挺身企望的，鼓鳍雀跃的，下水扑腾几下打个滚又上去做日光浴的……

我们会先选一条久未行猎的港路，等潮水涨起来后，潜身水里，只露半个头，慢慢靠近花跳群集的地带，突然将一团团泥块砸到水边，激起一柱柱水花，然后"哗哗哗哗"鼓水上坪。

花跳们吓呆了，醒悟过来，急急找个脚印、洞穴、泥沼隐下身子。弄潮儿逐个搜捕，它们有的匍匐在脚印里束手就擒，有的隐身浅泥汤里，露出眼睛，转动着看你……

厦门常见的跳跳鱼，还有一种叫"瘦跳"的，黑灰而体形瘦小，是我外婆她们的主要掘捕对象，也许形态瘦弱如老叟，闽东人叫它"弹跳舅"。近岸还有一种极小极黑，长不过寸的，闽东人称它为"棺材钉"，神形毕肖。另有一种短肥而有白斑者，喜欢吸附在岸边觅食污秽，厦门人称它"狗屎跳"，闽东人认定它是"弹跳伯"，据说其实是鰕虎科的。

这些真真假假弹涂鱼们，简直是专以阴暗猥琐或蝇营狗苟，来陪衬华贵潇洒、狡黠而有些傻气的花跳。它们很务实，终日在泥里觅食，在岸边吞噬肮脏屑末，不躁动，不追求时髦，没有激情表演，更没有豪放气概，我们也懒得捉它。只有那些闲得发腻的孩子们，会去扑它，捕到也不吃，只是拿去饲鸭子。

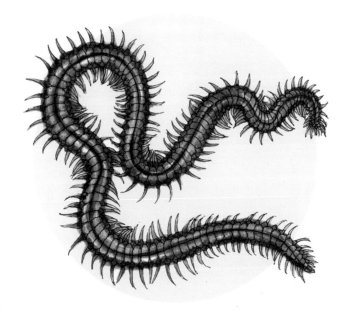

闽南主要有三种，疣吻沙蚕（*Tylorrhynchus heterochaetus*）、全刺沙蚕（*Nectoneathes oxypoda*）、日本刺沙蚕（*Neanthes japonica*），皆属环节动物门多毛纲游走目沙蚕科，俗称海虫、海蛆、海蜈蚣、海蚂蟥、禾虫、水百脚、沙钻等。

海边团没有不识海蜈蚣的，它是万能鱼饵。在潮间带沙泥交混的地方，很容易挖到它。尤其污秽恶臭的地方，例如海边污水口下，翻开石块，你就会看到它们成群盘踞交缠，长可达数寸，狰狞而粗肥。

海蜈蚣正名叫沙蚕，实在有些溢美。用蚕比喻它的节状软体，略近形象。论起让人恶心的感觉，还不如其他别名——海蛆、海蚂蟥，来得神肖。

它确实很像蜈蚣，形体怪异，龇牙咧嘴，须毛怒张，扭动起混杂惨绿猩红怪黄的躯干，一身密密环节泛出奇光异色，体侧的肉刺似百足蠕蠕晃动，十分骇人。

早年钓鱼时，捏着黏腻腻的它，套入鱼钩，再用指甲掐断，是相当需要勇气的。我也曾内心惊悚而发抖，只是海脚孩子，在众人面前不能表现出怯懦。

三十多年前我到同安吕厝公干，农家好客留饭。主食炒米粉，炒米粉的佐料在胡萝卜丝、高丽菜丝之外，有看似金针的焦黄菜段，异常香鲜，咀嚼起来滋味深长。

问是何物，主人说沙蚕。

"海蜈蚣？！"

"对，海蜈蚣。晒干了，油炸。"

原来那狰狞恶心之虫，竟是可心美食！

后来禁不住下箸，心里还是有点发毛。

当时不知道，闽南人其实从古早起，就有食用这丑恶美味的习俗。

淡海水交接的九龙江口一带，就盛产沙蚕，当地称"涂虫"。每年夏秋，渔民挑桶在石码镇沿街巷兜卖，涂虫们蠕蠕扭动，舞爪张牙，吞吐涎沫，发出细微嚣声，依桶壁攀行。

阿婆阿婶把它买回家，在盆钵里洗净滗干，入锅加少许酱油搅动，涂虫肥满的腹部绽裂，白膏绿膏就淌出来。煎熟后，锅底一摊黄白如煎蛋，虫皮俱包在里面。孩童放学回来，大人说是煎蛋，香喷喷食不绝口之后，才告诉他们是涂虫。

民国《厦门市志》记载厦门人的食法，大同小异："以杵臼舂去其腹中细肠，洗净曝干。食时以油炒之，酥而甘，亦佳馔妙品也。"

平潭岛西沙滩，盛产大种沙蚕。当地人挖来后放到淡水里吐沙，以一根筷子从尾孔插入，翻出污物。晒干了，色金黄而透明，号曰"龙肠干"。用它炖汤，则汤色白如牛奶，味极鲜美，是当地高级宴席的珍贵名菜。龙肠干束捆，是走亲戚贵重的酬答礼品。

福州菜里原来也有"炒龙肠"一菜，颇为有名。后来大概是离海日远，沙蚕接续不上，就用鸭肠充数，味道相差甚远，慢慢就无人问津了。

查翻了一堆典籍，才知道长期食物不足的中国人，很早就食用沙蚕，唐代起就有记载。

明代《闽书·闽产》说，"泉人美谥曰龙肠"，也有地方称它"凤肠"。

沙蚕

SHACAN

清代施鸿保《闽杂记》里写的“雷蜞”应该也是它，现在福州人叫它“流蜞”。

龙海渔民的叫法最有意思，他们称之为“猫腱”，即猫的胗。猫的胗和青蛙的毛，都是子虚乌有之物，闽南人说虚幻之物，就以“猫胗水鸡毛”比喻。大概龙海渔民认为，这东西怪异得不可想象吧。

最详尽讲述沙蚕的，应该是清代赵学敏。他在《本草纲目拾遗》里记录了它，称为“禾虫”。“禾虫，闽广浙海滨多有之，形如蚯蚓。闽人以蛋蒸食，或做膏食……夏秋间，早晚稻将熟，禾虫自稻根出。潮涨浸田，因乘潮入海，日浮夜沉，浮者水面皆紫”。

禾虫所以水稻将熟时“自稻根出”，是因为那时水稻必须干田控蘖、精饱稻粒。已经适应这种农事规律的禾虫，这时也性成熟了，于是顺水入海繁殖。

石码老人说，尤其是农历九月半之后的天文大潮时，海水漫入稻田，于是禾虫泛起，污泥浊水里到处浮游、蠕动着这鬼物。渔民在沟渠的涵口设网兜捕，多时一天能捕得百十斤。

沙蚕有十几类四百多种，皆喜栖息于有淡水流入的潮间带沙泥中，幼虫食浮游生物，成虫以腐殖质为食。而能进入淡水稻田的仅有两种，即疣吻沙蚕和多齿围沙蚕。

虾蛄

中国沿海有虾蛄近六十种，厦门常见者为口虾蛄（*Oratosquilla oratoria*）、黑斑口虾蛄（*Oratosquilla kempi*），均为节肢动物门软甲纲掠虾亚纲口足目虾蛄科口虾蛄属。

虾蛄在闽南话里，也叫虾姑，读音一个样。

海边人对它的俗称里，虾耙子、皮皮虾、濑尿虾，各得其肖。《海错百一录》说它"以其足善弹而名琴虾"。它的第二对前足——即螯肢或叫掠肢，和螳臂的镰刀状掠肢很相似，叫螳螂虾也许最传神。

我小时候，一帮讨海囝讨论：虾蛄为什么叫虾姑？

味道像虾，形状却差异太大，才叫姑姑吧？后来知道，人家浙南一带它叫"虾公"呢。

虾蛄最不同于虾的，是扁长身体的最后两节——发达的第六对腹肢和尾节，拼成华美的尾扇。小时候剥食虾蛄，把尾扇肉掏空了，将形似帽翅的腹肢扯平，就是一顶富丽堂皇的状元帽，可以套在手指上赏玩半天。

虾蛄这突起五个锐利冠峰的华丽尾扇，当然不是长来供我们亵玩的。它是虾蛄旋掘孔洞的钻头，更可以作防御战斧，轻易割开对手的身体。虾蛄蛰伏洞中，如遇外敌侵扰，它先晃动头端的小触角警告。敌人真的入侵，虾蛄迅疾掉转头，把"三尖两刃"的铁扇对着敌人：敢碰吗？

虾蛄不只有防御性武器，它的攻击性武器，即第二对胸足——前端排满利刺的掠肢"螳螂臂"，非常有力。虾蛄出猎，以腹部激烈摆动和尾扇的拍打，在夜海中快速滑行，复眼锐目巡视八方，一旦觅见幼小鱼虾，就用掠肢上弯勾刺。

这个和螳螂臂动作方向相反的上勾拳式擒拿方式，意味着它可以接续一个反向动作，即肘弯部反弹的撞击。生物学家测定，它的肘弯撞击速度快过子弹，完成一次出击动作只需千分之三秒，而且力道很大。虾蛄用它弹裂贝类、蟹类外壳，再剥食吞肉。

虾蛄和蚵鸽仔鱼都是掘穴大师。它们的洞都是"U"字形的，并且圆得十分周正。蚵鸽仔的两个洞口明开，而虾蛄狡猾，它的另一个洞口用泥皮虚掩。明开的这个洞口，平时也缩小到仅容探出小触角和眼睛，如潜水艇伸出潜望镜一般，窥伺周边动静。

退潮后，讨海仔在泥沙滩上看到单孔圆洞，口上有新鲜的细碎爪痕，知道这是有住客的虾蛄洞。要是一汪清水还粼粼抖动，更说

明有虾蛄在舒展鳃肢呼吸。讨海人围绕洞口踩踏，踩中了孔道，猝的一声，虾蛄连水被喷出洞口，翻腾打滚，一边以尾肢摩擦尾节腹面，或者用掠肢敲击尾节腹面，发出恰恰切切的恐吓声，随之射出一道清亮尿液——这就是俗名瀨尿虾的由来。

讨海仔必须以手指紧掐它的腰，不然它会弓身用尾扇刺人。

如此凶悍的虾蛄，竟会被软塌塌的丝丁鱼吃下，你相信吗？

东海渔民的口头文学里，虾蛄原是武状元，同科文状元是丝丁鱼。丝丁鱼高中后狂喜畅怀，喝得泥醉，把状元帽脱下请虾蛄代为保管。虾蛄试戴一下那帽翅像螳螂臂的秀气文状元帽子，觉得虽然不及武状元的威武，但是如果文武头衔都有，在世间多好混！于是尾巴套上自己的那一顶，急忙开溜。

从此，虾蛄一旦遇到丝丁鱼，虽然"文武兼备"，毕竟心虚，不敢抬眼正看，常常被丝丁鱼怒而吞食。

虾蛄、海和尚之类七七八八的海里怪物，从前渔民拉网上来一看，反手就翻倒进海里。渔谚说，龙虾一尾，赢过虾蛄一畚箕。

不料这些年世风变了，酒席应酬，交际功能重于吃饭，大鱼大肉不稀罕了，剥虾蛄却很能应景，如何把它的肉身完美剥出来，就是话题了。虾蛄身价，竟然涨到比一般的虾还贵。

冬末，虾蛄成熟了，雌虾蛄第六至第八体节的腹面，会现出三条白色的胶质线，像一个"王"字。好的虾蛄颜色青亮，体态肥硕，煮熟后，暗紫色的身躯中间有一条深褐色带纵贯头尾，那是它们的精卵储备，色带越宽，则膏越肥厚香醇。

虾蛄汁鲜而肉松嫩，有一种特殊的清鲜香气。各地入馔方法很多，无论炝、椒盐、豉油或蒸（清蒸、蒜蒸、葱油蒸），还是取肉来生食、油泡以及炒蛋、炒饭、煲粥等，都能做成令人垂涎的美味佳肴。就是小虾蛄，磨成浆做调味，滋味也清新隽永。

日本有一种虾蛄饭，功夫简单，只以薄酱油煮虾蛄，再以所出之汁煮饭。饭好之后，覆以虾蛄，保持天然韵味。

香港著名小吃"爆浆濑尿牛丸"，用料是精瘦牛肉和虾蛄肉。将牛肉以蛮力碎筋捣烂，分成荔枝大小肉块，做丸子。而先于此，是把虾蛄打成泥，加入盐、糖、味精、胡椒粉，与高汤、老酒搅和，再汆煮半熟，捞起放凉，置入冰箱结冻；此时再取出，切成半寸见方，塞进丸里做馅。牛肉丸放入大骨高汤煮透，虾蛄肉冰便化成了汤汁。吃的时候太用力咬，汤汁就会喷出，是谓爆浆。

传说它风靡港台东南亚地区后流传到国外，英国维多利亚女王甚至将它御封为"贡丸"——姑妄听之，反正也不失风雅。

蟳虎

中文名中华乌塘鳢，学名 *Bostrichthys sinensis*，俗名涂鱼、土鱼、汶鱼、蟳蚗虎，鲈形目鰕虎鱼亚目塘鳢鱼科乌塘鳢鱼属。

海边囝玩海，不同时节、不同潮水，有不同节目。退潮时讨小海；满潮呢，游泳、翻船、打水球……要是涨潮时又不想下水，钓鱼，特别是"弄"蟳虎，是打发无聊不坏的选择。

"弄"蟳虎，就是诱钓蟳虎。海边人传说，蟳虎以凶猛的蟳为食，十分滋补。诱钓到的克星——蟳虎，对经常被蟳夹得龇牙咧嘴的讨海少年来说，不只是捕获这种珍贵鱼类，还可以理解为对蟳的间接征服，有双重的胜利感。

《诏安县志》描述蟳虎："背黄黑腹白，身有斑点，尾有眼如孔雀翎。"它头大身圆，一身溜滑，零散栖息在海滩孔洞、石穴中——天气太冷时候，也会潜身泥沙。

海边孩子们的口头文学里，蟳虎诱食青蟹的功夫有如神术：它把镶着蓝斑白圈的尾巴，伸到洞口招摇炫晃。蟳见有猎物上门，便追出洞来，以大螯夹住蟳虎尾巴。蟳虎猛力甩尾，啪的一下，把螯打断。蟳虎继续摇晃尾巴，自恃勇猛的蟳怒不可遏，又以另一螯夹之，一甩，这支大螯也丢了。到了这情势，蟳虎遂以刚硬牙口，逐支咬断失去攻击力的大蟳之足，让它只剩一个囫囵之身。软溜溜的蟳虎遂以尾巴钩住蟳体，从伤口，或者干脆以口对上蟳嘴，吸干蟳身五脏六腑的精华。

——聂璜三百多年前在《海错图》里记下的说法，与之大致相同。

另一说法是，蟳虎有意让蟳咬住尾鳍，突然抛尾，将蟹壳打破，然后悠然食之。

更神妙的说法是，蟳虎以斑斓明丽的尾巴诱惑蟳双螯咬住，自己掉过头，从后边，背壳与腹壳的缝隙里，吸食蟳的精髓。

但是我对后两种蟳虎功夫说法，不大相信，太神了。小小蟳虎能甩得起多大的蟳呢？蟳的周围要有什么硬物才能让蟹壳破碎？特别是为什么蟳被它吸膏食髓，似乎还很受用呢？

厦门海产行家梁森兄说，他亲眼见过蟳虎诱食青蟹的全程，和我们的第一种口传故事相同，即蟳虎以尾甩折了蟳螯。他也惊奇蟳虎不知施用了何种法术，竟能让丢了大螯的青蟹，如着了魔一般发呆而不走，任由蟳虎以口对口，把自己的精髓吸食殆尽。

后江埭的埭堤外，堆着筑埭余下的石头。黝黑发紫的乱石间，

有许多蚂穴。有些是蚂去穴空，虽然余水不多，可以用鳃和皮肤呼吸的蚂虎，也会住进这种免费寓所。尤其在初夏四五月间，蚂虎产卵时候，夫妻同栖一洞。

海水涨到那些乱石堆的时候，就有百无聊赖的孩子，在微微泛动的碧绿海水里找洞穴诱蚂虎。潮湿石壁上有的是四散乱窜的海蟑螂。拍一只穿在鱼钩上，放在潮水半淹的蚂穴洞口。

也不知道洞里有没有蚂虎，孩子们总是耐心地守候，钓的其实是那份好玩心情。前前后后，有几个孩子吹嘘，说钓到了，有五六寸长，绘声绘色。

我和蚂虎第一次邂逅，是去踩蚵鱼洞的时候。右脚在圆溜溜的两个洞眼之间踩下时，扑棱棱跳出来的，不是通身宝蓝斑点闪耀的蚵鸽仔，而是体色黑褐的什么鱼。

看到粗大尾柄和圆大尾鳍上被白圈包围的那一个蓝黑大圆斑，

才断定是蚵虎。它要不是鸠占鹊巢，不会和我相遇。

蚵虎的凶猛是无可置疑的，现在养殖蚵的池里要是有它，苗会慢慢被吃光。而它离水之后，只要阴湿，也可以数天不死。

海边人对蚵虎强大的生命力十分迷信，民间说它"一鱼抵三鸡"，活血行气生肌，是闽南人愈合创口时的首选补物。家里的幼儿要学步了，厦门老人总要买一两条蚵虎，隔水蒸熟，给小囝吃了助力走路。

当年，有一位卖土龙的贩子，有时兼卖石蚵、蚵虎，一样是以两论价。蚵虎、土龙、石降们被装在浅木桶里，盖着湿润的红树枝叶。那惠安口音的小贩，挽着浅木桶，敲着碗口大的小铜锣，沿街吆喝。"土龙——"语调上扬，停一拍子；"蚵虎——"也是上扬收尾，停一拍子，让后一字一顿喊起"买石蚵哇"。尖锐的小铜锣声和着节拍分明的雄壮喝叫，穿过远远市街，好像在指挥一支军队行进。我有时诧异地想，他就是常吃土龙、蚵虎，底气才这般充足吧。

蚵虎在漳州一带，被叫作涂鱼，身价当然不高。也许少人识货，也许消费力太低，也许太多了。据说早年龙海渔家有时把它和相似的鲢藕仔、蚵鸽仔放一起，用竹篾串起一挂，在市场口吆卖。

蚵虎正名是中华乌塘鳢。鳢这一类的鱼都很凶悍顽强。例如乌鳢，俗名乌鱼，湖水将枯时，它能尾朝下、嘴露泥面，在干旱中坚持数周，等再次来水时恢复正常生活。

章鱼

中文名真蛸，学名 *Octopus vulgaris*，软体动物门
头足纲八腕目蛸科。俗名还有蛸、鱆、章举、长章、
短脚章、八爪鱼、八带鱼、络蹄、坐蛸、望潮等。

几年前，一群朋友去同安城边坑仔口看古代龙窑
作坊。那里正在烧制一种陶罐，个头比拳头还小，罐
底戳了个洞。

大家奇怪，不知是做何用场。

我想了想：捕章鱼的吧。

一问，果然是。

其实我没见过用罐子捕章鱼，推理而已。日本和

欧洲一些地方，渔民把数百个螺壳串在一起，放到海底，过些时间拖上来，总有一些章鱼入住里头。

闽南最常见的捕章鱼之法，是用海锄头掘。

五十年前，筼筜港美仁宫后保一带有一位有名的章鱼师傅。他白天掘章鱼，晚上就在二市路口摆小吃摊卖熟章鱼——老厦门潇洒地称之为"切章鱼"。章鱼师傅天生残疾，一只小腿萎缩，走路不免两肩轮流高低。但是到了海里，有一支海锄头可以当拐杖用，在半软不硬的滩涂上一撑一跃，竟是行走如飞。筼筜港从美头山到盐场的涂坪，是他的"专属经济海域"。退潮时候，总见他杖着海锄头，寻寻觅觅，寻找章鱼穴。

厦门俗语，"相孔掘章鱼"，意思是做事要找诀窍。章鱼孔，形状似花跳洞穴，斜插到地底后，再横平延展。孔洞口堆起井沿似的一圈厚泥，泥圈口也如老井沿一般光滑。

章鱼很喜欢把螃蟹抓到家门口吃，吃完了的空壳就扔在那里。它生性狡诈，在这事情上却张狂到忘乎所以，就像闽南人骂笨贼的老话说的，"偷吃不懂得擦嘴"。

章鱼师傅寻到了章鱼孔，猛挥海锄头掘下，章鱼就往某个分洞退缩。章鱼师傅认准冒着气泡的分洞快速追挖下去，探手拎一只章鱼上来。

章鱼师傅不以气力胜，常用的是"施迷魂药法"：章鱼洞挖到见水了，掏出巴豆、芦藤做成的红泥丸，掰一小块塞入，过半个时辰，章鱼中毒了勉强爬出来，瘫在洞口。

我第一次捉到章鱼——确切说，被章鱼捉住，是一次摸鱼的时候。突然有什么，寒凉而轻柔地吸住手背，爬上小臂，全身一阵酥麻。那东西一条条向上臂摸来，瞬时全身惊恐起鸡皮疙瘩。

章鱼？！

手反捉，果然。外肤灰银、内侧雪白的章鱼，两只绿幽幽的眼睛盯着我，在阳光下闪着诡异光芒，轮番腾甩着那几条长有两行吸盘的腕足要挣脱出去。

章鱼的泳姿相当特别。第一次邂逅章鱼后不久，我在盐场的水沟，看到远处水面有异样涡纹漾动。慢慢靠近了，才认清是一只"仰泳"的章鱼。它以头为先导，头下体管喷出水流，腕足间伞膜有节奏地轮番张缩，推动身体前进，像一棵大头萝卜菜在漂移。我惊叹它的轻盈自如，呆呆地直看到它收束了身子，要蜷缩进洞，才下手捉起。

江头八十多岁的老渔人吕泗炎，向我介绍吕厝、乌石浦当年独特的"推章鱼"之法。工具是两只翘头的绿竹竿，竿头穿榫，像剪刀一样可以开合，杆尾间系一条麻索。

潮水初涨，外海的章鱼随潮进来，钻入滩涂上的埔活、跳跳鱼之类的洞里，捕到猎物就拖出来吸食。

这个时分，渔人推着张成"V"形的竹索架，在水深齐腰的滩涂上前进。麻索掠过水底，章鱼见混混沌沌泥水中有黑黄之物过来，只道是鳗鱼来了，急急跳到水面，渔人以手中小抄网舀之。吕老伯说，平时一流水总有六七斤，最多时鱼篓装不下，十七八斤。

闽南、澎湖一些地方，另有"照章鱼"渔法。每年正月到四月，是章鱼生长最快的季节，四个月里，体重可以增加一倍。原因是这个季节，它们夜间经常出来觅食，长得很快。夜里，特别是微雨飘飞的雨夜，渔民到礁丛浅岸，用灯火寻看。这不是人人做得来的活路——章鱼变色很快，灯光照去，它立时变为环境颜色，有经验的才看得出来。

余章鱼，先要将其放入筅箩，加盐或者草木灰反复揉搓，待黏液尽去，章鱼头洗得硬结挺实起来，八条腕足也环首翘起，如盛开

的长瓣菊花舒展，才算完成——它连死相，也要做出极具美感的姿势。

大锅水沸了，把章鱼头朝下，徐徐放入——速度的把握极其重要，然后迅速捞起，放入冰水内。汆烫得好，通体匀熟，爽脆鲜嫩无比；汆老了，有如嚼筋咬布。

闽南海域常见的章鱼，至少有六七种。厦门人说的章鱼，特指通身雪白的真蛸，海边人有时候为了强调它和"李鬼"的区别，会唤作"白章鱼"。真蛸之外，被一般人归入章鱼名下的，还有涂婆、勾水仔和比较大的石拒等等，都是只有八条长脚一个圆头而似乎无躯干的"头足类"。

真蛸和其他章鱼的区别，是真蛸的八条软足里，有两条长腕足，其长度是最短腕足的一倍；真蛸体色冷蓝，汆熟后瓷白中透出微浅的灰紫。有一种章鱼和真蛸极像，差别只是颜色略显灰紫，叫赤章鱼。赤章鱼比真蛸质味逊色很多，宜炒而不宜氽。

涂婆、勾水仔都比真蛸身材短矮。涂婆体色发紫，味道略腥，古人说的"章举"，应该就是它。勾水仔体色比真蛸浓灰。它们都没有真蛸的修长身材和灵秀气韵。

在排档里点炒章鱼，有的店家会用这类李鬼拿来充数。炒熟，又用酱油做过色，你就无从辨认。质味不说，涂婆和勾水仔的异体蛋白含量都很高，吃了消受不了。

切章鱼作为厦门名牌小吃的年代，章鱼师傅们对其佐料的讲究不逊于土笋冻。老抽酱油、酸甜萝卜、芫荽、酸甜辣酱，还有芥辣。现今切章鱼，佐料已经简化到只剩芥末、辣酱，早年味道仅余其半。章鱼又大多是养殖的，一个月能长一二两，嫩，但不韧脆。

同安马巷有一座通利庙，供奉保生大帝，香火鼎盛。陪祀的是捐地造庙的道士。早年，有一位叫林涂的渔民，带着三牲和自掘的章鱼去庙里祭拜。那道士塑像年久中间朽坏，成了老鼠窝。林涂磕拜的当口儿，老鼠从塑像口里爬出来，拖了章鱼便跑，到塑像口上卡住，拖不进去。

林涂拜罢抬头，看到道士口上的大章鱼，当是神灵显现，再行磕礼不止："章鱼，是弟子自己掘的，请尽管享用！"

马巷一带人士，从此用这句话，诙谐而热情地招呼客人，多多品尝自家物产。

冬蟹

中文名三疣梭子蟹，学名 *Portunus trituberculatus*，俗名冬蟹、角蟹、内港蟹、枪蟹、蓝蟹。

蟹（音截）在东海猛物里，排行第六。古人说："螯有棱锯，利截物如剪，故曰蟹。"（《闽中海错疏》）

它栖息近海，踮着前三对步足脚尖爬行，要么用后面椭圆泳足游行。遭遇敌手，架起大螯迎敌。对付不了，就以泳足飞速拨沙，顷刻没入沙中，这是栖息泥地的青蟳所没有的本事。

我十年讨海生涯里最尴尬的事情，是有一次夜渔，从沙底摸出了一只梭子蟹。却不小心被它钳住左手虎口。却螯尖入肉很深，痛感利锐。

讨海仔知道，蟳与蝤，习相近、性相远。蝤暴躁野蛮，但可以哄骗，被它咬住，你布置一个逃生环境，它会慢慢后退，到了安全距离，就松螯逃跑。

蟳仔却是一根筋，一旦咬你，就是想让它逃生，它也不放手。

只好将左手凑近嘴巴，来咬它大螯。握另一螯的右手，却不小心松了，它乘势一伸臂，咬住我的下唇。

一螯夹手、一螯咬唇，两螯之间竖起的一对鼓槌状眼睛，和我隔着狭窄空间对视。

月光夜，两支短鼓槌眼在星光下悠转，蜂窝似的复眼漾动光斑，一个个眼格清清楚楚。我看得出，张狂得意后面，是极度惊恐。

荒唐的人蟹对峙啊，虽然只是一瞬，感觉相当漫长。

"咔"地一下，决然把咬嘴唇的那只螯拗断，听任它垂挂唇上。左手迅疾靠牙，啮断那支螯。

碰上认死理的，你只好赌蛮！

冬蟳背壳上，对应胃、心区位置，有三个显著的疣状凸起，因名三疣梭子蟹。它比青脚蟳宽肥，紫青衣袍，点缀浅白星斑，一副殷实富态。

它生活地域很广，从辽东半岛到马来群岛，在东海更是主力蟹种之一。闽南人之所以称它冬蟳，是因为它属于深冬的时令海鲜，闽南渔谚"正月虾蛄十二月蟳"，说的就是它。冬蟳肉丰润而味鲜甜，闽南人用来烫火锅，烫过冬蟳的汤头，无论什么滋味的菜蔬肉肴放下去，都会被蟹鲜覆盖，"蟹肉上席百味淡"，蟳汤穿透力更强。

最简做法，是清炝。一大盘上桌，只只肥硕通红，与窗外灼灼红梅、累累炮仗花，特别是花簇茂密如火的桢桐相照映，烘出一室

暖意。

这个节令的成蟳，橙红蟳膏把壳角尖撑得鼓胀。剥开背壳，用大螯尖剔下蟳膏，一块块硬实如酥糖，入口咀嚼，油香秾艳。

油香太腻也不怕，那雪白蟳肉，是专意生来解味的。特别是公蟳肉，肉束韧劲脆爽，愈嚼愈清甜。

我迄今吃过的最好冬蟳，是一年春节，在泉州蚵埔渔民老郑家。

老郑女儿做海鲜买卖，挑来的雄冬蟳是九分，而雌冬蟳是准准的八分：背壳高拱隆突，蟹膏灌足了两角尖，难怪泉州称冬蟳为"角蟳"。

一品，蟹肉丰满，离骨清楚，又是晋江口上捕来的，没有海水咸腥，非常鲜甜。橙红蟹膏，比高邮的鸭蛋黄更红艳，膏润而醇香。

我感叹，顶级美食，实乃天厨，只要选准了上天安排的节令和成色。

咂唇回味香鲜，一边把玩蟹壳，突然惊叫起来：

从头额正面看去，甲壳分明是一幅图：茫茫雪地，两重雪线之中，有一头白斑点额大虎，踩着仰面小虎，扬眉吐气。小虎则娇弱不胜，白睛爆出。冬蟳那三个疣突，就是大虎的鼻头和小虎的双眼！

反过来，从后侧看呢，是一只聚睛凝思的雪额花颈斑斓大虎。

老郑也称奇，说讨海几十年，没注意到这奇妙图案。

《郝氏遗书·记海错》说，有一种蟹，甲上有文，作老人面，须眉毕具，谓之鬼蟹。套用过来，上佳冬蟳，宜乎称作虎蟳。

闽南渔谚说，"六月蟳，瘦支支，十月蟳，肥渍渍"。农历九月底起，冬蟳渐渐肥满，价格也慢慢高涨。厦门外海的东碇岛一带，原来盛产蟳类。二十世纪八九十年代，从初冬到翌年春头，闽南各地数百艘捕蟳船云集拖拉，有如耕耘平野。

记得九十年代末有个冬末，天气温暖，泉州深沪一带冬蟳大发海，用卡车运到厦门各地贱卖。厦门老阿嬷一看乐了，三五邀约，各买几十斤来焙蟳肉松，做一次怀旧之旅。

卖蟳的深沪渔民说，冬蟳积有一米厚啊，整个海底都是，扫都来不及——渔民称底拖网捕梭子蟹作业为"扫蟳"。那渔民感叹说，也要如今大船尼龙网才拉得动。换以前，网都撑破了。

渔民之苦，不单在海里啊。

当然，也有智取的。鼓浪屿原来有个海洋捕捞大队，用饵料箱笼诱捕，所得的多是活蟳，渔农们把它们养在活水舱，回港卖外贸公司，得个好价钱。

十几年前，冬蟳还是出口换汇的海产。立冬后，鱼商收购肥壮冬蟳，放入零下二三度的冰水，冬蟳立时蜷缩休眠。而后逐只用橡皮筋束住双螯装箱，填入刨花锯屑，放入冻库。这样处置过的冻蟹，空运到日本，放入常温海水，就苏醒过来，噼噼啪啪扬足溅水吐沫。

近年资源日渐稀少了，渔农捕到小蟳，养在活水舱，卖给养殖户放池里蓄养大，留到春节应市。

乖仔鱼

河豚种类颇多，闽南海域主要有双斑东方鲀 *Takifugu bimaculatus*，俗名乖抱、花抱；菊黄东方鲀 *Takifugu flavidus*，俗名菊黄鲀、满天星；横纹东方鲀 *Takifugu oblongus*，俗名乖枪、黄天霸、鬼仔鱼；黄鳍东方鲀 *Takifugu xanthopterus*，俗名花龙乖、红目乖；红鳍东方鲀 *Takifugu rubripes*，俗名假睛，等等，均为鲀形目鲀科东方鲀属。河豚俗称还有气鼓鱼、吹肚鱼、鸡泡鱼、青郎君、刺豚鱼等。

国内多地明令禁止食用（包括加工品）。

《福建物产志》记叙一种鲀鱼，"首连于腹，左右两髻，尾短，浑身皆刺，其劲如锥，形圆如球，土人嘘其皮为灯"。这是球刺鲀，浑身由鳞片进化而来的针刺，绰号"千根针"。

它的本事，是遇到敌害，能快速膨大成刺球，"张颊植鬐，怒复而浮于水，久之莫动"，自我膨胀了半天，无人理睬了，慢慢把吸入的水吐出，竖立的刺缓缓后倒，悻悻而去。

河豚不像它表兄弟暴烈，却也骄矜。大多数鱼以游泳肌收缩推进，它轻摇薄明的胸鳍、背鳍和尾鳍，优哉游哉扭头摆尾，急起来才像没头的苍蝇乱撞。

河豚的傲慢，也因有所恃。

它有一对分工完美的眼睛，一只搜寻猎物，另一只放哨。

它的牙齿力学结构也异常完美。一斤左右的河豚，一合口能切断六号铁丝。

再有呢，就是诡异莫测的毒了。一样的河豚，季节不同、海域不同，甚或完全相同，这条鱼吃了，一嘴天香；另一条吃了，直赴阴曹地府。

厦门老城人因此直呼为"鬼子鱼"，厦门港渔民么，只能细气轻声，称"乖仔鱼"。

读音的微妙差异，实乃源于巨大心理差别。

乖仔鱼在二三月怀卵，此时最毒。不久后，在河口就能见到新出的小河豚，它们比大蝌蚪肥硕，闽南渔民称"芒种乖仔"，密密麻麻如没头的苍蝇靠着岸边觅食。

初夏，它们长可盈寸，有些张狂了。我们在筼筜港石坡仔游泳，它们成阵随潮汐游，只消吐一团唾沫在水面，把鱼钩放在当中，它们就会迅疾拢来。钓一只，甩上背后石坡，刚放下钩，又一只迫不及待吞钩。

被甩上石坡的小乖仔，"啾啾"叫唤两声，肚子膨胀如球，踩下去"啵"的一声爆响。这才是我们的开心时刻，一片脚丫七上八下，争踩一地圆肚，看谁踩得快、踩得响。

渔民不会如此暴殄天物。没有下饭菜的时候，他们会把"芒种乖仔"捞上来囫囵煮盐水，不计较它的泥腥。

太多了，吃不完，船家就把它们用渔丝串起，像晒辣椒似的挂在桅杆、摊在船篷，晒干了，收存起来。哪一天思念起，拿出来与萝卜、姜丝同炖，炖到鱼尾裂开，鲜甜滋味出来了，这时最好吃的是吸了味的萝卜。

河豚长大了，游向外海，多数开始带神经毒素。二十世纪六十年代"困难时期"，美仁官后保渔村，有一家人全被毒死，只因为舍不得那些内脏。

生死莫测，只能祈求它"乖"，不要作祟，"乖仔鱼"成了渔民对河豚的敬称。

最精致的河豚品食方法，首推日本料理。

日本的河豚店，装修素雅，原木原色。河豚养在池里，侍者网出来置于案头，专业厨师在你眼前台子上料理。

开膛破肚去皮，三十道工序，厨师用燃一支烟的工夫完成。

河豚肌肉结实如肉筋，厨师把它切得薄如蝉翼，轻可吹起。然后像菊花瓣，一脉脉布在盘子里，如皎皎月轮的，如孔雀开屏的，或是凤凰垂羽的，和盘底的花纹交织映衬。

河豚刺身精而耐嚼，越嚼越生出清甜滋味。

最好吃的不是鲜切刺身，杀了放置十几个小时，转换出氨基酸来的熟成河豚肉，滋味更美妙。放置时间和温度的把控，是名厨的撒手锏，秘不传人。

凉拌河豚皮爽脆劲道，比海蜇皮厚实有味，胶原蛋白之多，不逊于甲鱼裙边。

河豚菜上席之初，侍应生把酒精灯捧到桌头，夹河豚鳍在微火上烤，烤到发出优雅焦香，浸入清酒，这就是河豚酒。

就酒慢慢欣赏各部分的刺身，最后上火锅。边角碎杂炖出的膏汤，放带骨的河豚肉、豆腐、萝卜、春菊等锅物。火锅之味，和鱼生反差巨大，汤浓肉香，热气腾腾，美而不腻，果然不负"天下第一鱼"的美誉。

吃剩的汤底，集一锅滋味，可以下米饭做"杂炊"。

无论生吃或火锅，吃河豚的主要佐料是柚子醋。没有它做蘸汁，就不成日式河豚料理。我在国内吃过几次，缺少正宗的感觉，后来醒悟，就是柚子醋没有到位。

古人很早就关注河豚，其中每年春末夏初入江河产卵的暗纹东方鲀最负盛名。

大饕苏东坡明知吃河豚无异于赌命，却慨然宣言："值那一死！"四个字，成了古今中外河豚广告的绝唱。

闽南渔民也嗜吃河豚。我和厦门港老渔民闲聊，他们说，常在沙滩边隐现的"沙坡乖仔"和鱿鱼盛出时节的"鱿鱼乖仔"，有毒的概率很高，而巨大的面乖，百分之百无毒。

渔民最为盛赞的是黄鳍东方鲀。厦门港老渔妇阿珠说，当年她随船做饭，用它煮米粉汤，船工一碗接一碗吃，就差把舌头吞下去。

厦门港渔老大阮师傅说，他常用河豚煮五花肉。"太好吃了！"他笑得一脸通红，"我女儿听说有人吃死了，说不吃了。我说，从小到大你不知吃过了几百斤，也没死啊。"

二十世纪九十年代政府明令禁食河豚之前，我常在二市鱼摊买杀净的河豚，一斤五毛。像鸡腿，挂浆炸、酱油水煮、干煎、红烧，都比鸡腿鲜嫩。想来是命大，碰到的都是善良之鲀。

国家有关部门计划有条件放开河豚加工品经营。放开的品种，据说是最不容易有毒的菊黄东方鲀、双斑东方鲀。

野生河豚的毒性，由啮食海底贝类和藻类而来。人工养殖，饵食变了，中毒概率仅为野生河豚的千分之一。至于为什么养殖的还有千分之一的概率，连最嗜食河豚的日本人，也闹不清楚。放心，测毒神器出来了，福建海洋研究所研发了试剂，能在半小时里告诉你，那河豚料理是否安全。

河豚毒素结晶国际价格目前是黄金的一万倍，能做麻醉剂、镇静剂，也可以用来给瘾君子们脱毒。人工饲养的河豚无毒，有人犯愁了：从何提炼河豚毒素呢？有人又忙着研究如何养殖有毒河豚。

河豚一定很困惑：你们人类太可笑了，有毒不行，无毒也不行，总是以你们的要求做标准，叫我怎么活呢？

　　肢口纲剑尾目独角仙科鲎属，厦门常见的为中国鲎 *Tachypleus tridentatus*，俗名鸳鸯蟹、夫妻鱼、钢盔鱼等。现为国家二级保护动物，禁止食用。

　　厦门有些信口开河的导游，把鲎（音候）叫作"海怪"，这回算马马虎虎。

　　鲎从四亿年前出现，当时三叶虫繁多，原始鱼类刚刚问世，恐龙尚未崛起，至今，同时代动物或者进化（例如近亲蜘蛛、蝎子、螨虫），或者灭绝，唯独它一任天荒地老，依然故我，坚持作泥盆纪的遗民，不是妖怪是什么？

鲎的模样，也古怪得超乎想象。

宽圆的大屁股是头？像蜘蛛一样用腹肢盖板呼吸？血液竟然是蓝色的？……初次见到，谁都把它当科幻生物看。

古人描写它的奇异：色深碧如半弧复地，两骨眼分展于背上，十二足锯列于腹下，口在足中，三角形刚尾掩护于后。

仓颉为它造字犯难了，只好套用纷繁错杂的"斈"字头——学字的本意是觉悟，扣住一个肥圆的鱼体。意思是，什么鱼，随你领悟吧。《古今图书集成》的作者没见过它，就画两条相叠的鲤鱼充数。

鲎字的读音也古怪，有人读作学，有人读作鱼，可它偏偏读作"候"。《尔雅翼》的说法是"鲎者，候也。鲎善候风，故谓之候"，看来是为仓颉打圆场。

鲎现在是国家二级保护动物，禁止非法捕杀，但从前它们在南方海域曾繁盛过。

闽南老谚语说，"六月鲎，爬上灶"。

一位东山人说，一直到二十多年前，他家夏季几乎天天吃鲎，而且是母鲎。一杀半桶，三餐做菜。不是喜欢，是不用花钱。只要到码头，看靠进来的渔船有鲎，开口要就是了。

鲎文化在闽南到处泛滥。闽南海边人早年讥诮山里人没识见，说"山猴不识海鲎"。内山人未必见过鲎，却如海边人一样熟用鲎勺。鲎勺是当年家家少不得的抄粥之具。母鲎壳弯成半圆，合口处嵌钉上竹柄，就成了半圆锥形鲎勺。鲎勺富有弹性，"软不伤釜"，能贴锅底将粥汤舀得干干净净，用起来很有与自然共生的感觉。四五十年前还有以修勺为业的匠人游走城乡，将破裂的鲎勺在滚水里泡软，用锥子在裂缝两边扎眼，穿进麻线，拉紧合牢。

闽南人称许它的爱情，说鲎一旦结为夫妇，便形影相随，秤不

离砣、公不离婆。

福州话里鲎与好同音，有钱人家端午买来一对，不杀，放床下讨吉利。一些古宅窗棂木雕上，鲎和蝙蝠、鹿、龟一列雕刻，也是这个意思。

我讨小海生涯里，只捉到过一次鲎。

筻笔港埭内塭外，有条水路，中段是乱石堆，我们常去摸螃蟹。有一次摸着摸着，摸到一支"蟹螯"，光滑溜溜，心生奇怪。未待细想，那石头竟动起来，一支尖利鲎尾抬出了水面。

哦，鲎！

就势抓住尾巴提起来，哈哈，一对！

母鲎腹部朝天，瘦小的公鲎趴在它的背上。

兴高采烈提回家，一帮孩子将雌雄扯开，看它爬行。

鲎们勉力抬起半圆形的巨大前壳，拖着后半截和鲎尾移动，"郭拓"一声，扣落地面，诉说生存的沉重艰难。

鲎有六对脚，第一对螯肢，专事捕食，后面五对是步足、游泳足。不过雄鲎的第二、第四对长成钩状，繁殖季节好钩住雌鲎后背。

鲎游动时，马蹄形的前部抬起，风动力航行时代的古人，将它想象成"鲎帆"。其实，提供推进力的是腹部六片扁平的叶状鳃，闽南人看它翻动灵便得犹如书页，称作百册。

厦门被辟为五口通商口岸后，洋人带进了百叶窗，叶片平扁，页页排叠，上下窜动灵活，厦门人就称它"鲎百册"。

鲎体末端那根多刺的三角棱柱剑尾，由粗而细，尖锐有力，是它的护身佩剑。另一功用，是撑地做支点，抬身或倾覆转身。我第一次在工地上看挖掘机以拐手撑地，腾空挪动主机，就知道它是鲎的机械化仿生。

数亿年来，地球经历四次气候巨变，物种兴替，鲎顽强生存下来。如今，所谓肢口纲动物，唯有它了。

它也仅有四个种：中国鲎、圆尾鲎、美洲鲎和马来鲎。中国多见的是前两者，浙江以南暖水海域均有生息。

福建沿海，立夏至处暑是中国鲎的产卵盛期，它们在天心月圆的大潮日子，乘潮上岸，爬到高潮带沙滩产卵，借太阳光热孵化。

雌鲎用前壳圆弧挖拱，再以尖尾撑地，抬起身躯，用腹肢朝后拨沙，挖出了七八厘米深的卵床。继而从第一对"百册"间的两个生殖孔，泻出数百个绿豆大小的卵。

雌鲎拱来薄沙掩盖卵窝。隔一个身位，又开挖新卵窝。一只雌鲎，一晚能在三四个窝里排下几千个卵。

五六十天后，小鲎破卵而出，随身体发育，一次次把旧皮褪去。从豆粒大小到成年，雌鲎要蜕壳十八次，雄性十九次，历经九年到十二年。它们终生都是消极防御，幼鲎除了那套盔甲，只有让敌人食后毙命的血毒，类似河豚毒素。

厦门沙滩二三月就有鲎出现。半个世纪前，夏天，常有内行人背着手在岸边梭巡，见水中持续冒泡，一个猛子扎下去，提一对鲎上来。

曾厝垵老渔人阿荣伯说，一流水捡二三十对，很平常。

鲎

HOU

虎鱼

　　辐鳍鱼纲鲉形目毒鲉科，俗名还有石头鱼、拗猪头、合笑、沙姜鲙仔、石崇、海蝎子等。主要有日本鬼鲉 *Inimicus japonicus*，中华鬼鲉 *Inimicus sinensis*；鲉形目毒鲉科鬼鲉属。玫瑰毒鲉 *Synanceia verrucosa*，同科毒鲉属。

　　闽南的毒鱼排行榜，有众人皆知的八猛排行榜："一魟二虎三沙龙四竹甲五臭肚六蟳七蟢八虾姑"，另有十一猛排行，无论哪种，虎鱼都名列第二。

　　魟鱼难得碰上，虎鱼则讨海团几乎都领教过它的厉害，人人谈"虎"色变。我在篑笃港摸鱼，有几次碰触到它，肿痛半天。

朋友南燕说，有一回在海堤外，看到一条两三寸的小虎鱼，用小网抄起来伸手去抓。没想到它的毒刺，竟穿透厚厚的工作手套，刺到手掌。剧痛由手而腕而肘而臂，电击似的闪射全身。

那天，他正好带有火柴。压一根火柴头于创口，另一只手"啪"地刮燃火柴，点燃创口那支的磷药——好像那是别人的皮肉。"砰"的一声，硝烟腾起、皮焦肉臭，趁热再浇淋上一泡尿。

这是讨海仔的解毒秘方，不是巫术：虎鱼毒素多对热度极敏感，高温下会迅即分解，尿液里的碱性也能中和别的毒素。

碰上这种土名刺港仔的小虎鱼，还算幸运。通名虎鱼的毒鱼，在闽南海域有日本鬼鲉、臭名鬼石狗公的斑鳍鲉、绰号石狮子的魔拟鲉等几种，个大毒猛，背鳍上都有十来枚毒棘，胸鳍腹鳍也有毒刺。活鱼不用说，就是死不久的，毒性依然很强。渔人说，"死鱼活刺"。

最常见的是日本鬼鲉。日本鬼鲉通体褐黑，满是突起棘瘤、凹陷缺刻。招展的背鳍臀鳍胸鳍尾鳍，也用驳杂的纹理、斑点夸张装饰起来。它下颌前伸，嘴唇努起，弯月形嘴裂两端垂下，眼睛从深眼窝鼓突出来，形貌非常阴森可怖。

偶尔可能看到一种极漂亮的金虎。有一天，朋友吴杰通知我，店里来了一条稀罕的极品黄虎。一见，灿亮辉煌惊人，不亚于红瓜！它纯净金黄，只有躯干后半和各鳍鳍尾镶了灰黑。

推想去，这种金虎，应该是生息于金色沙底，由伪装而变为本色。

金虎，也是毒虎啊。

虎鱼多属夜行鱼类，就是白天也懒得动，它能把体色调得和环境一致，疙疙瘩瘩的体表也与海藻覆盖的石头混为一休，它就这样伪装伏守，小鱼小虾路过么，张嘴巴吞噬，见到大鱼虾，才跃身猛扑出去，吞而食之。

生性慵懒的虎鱼，肉质却极其嫩美韧滑。它在日本是高档食材，半斤来重的一条，要卖人民币三四百元。日本厨师先把肉片下来做生鱼片，剩下的骨架用油炸了，酥酥脆脆，也是佐酒上品。

二十多年前在日本，妹妹赴宴吃了鬼鲉生鱼片回来，感慨说，说这东西不叫"鬼"还真不行，太好吃了。

虎鱼在闽南的地位，更多的是被它的特殊功能推拥起来的。闽南人论吃清退火气，陆上是蛇，海中选虎。家里孩子长疖子，老人就上市场找虎鱼，你只要说吃清用的，鱼贩知道要的正是刺毒，就不剪鳍刺，只清内脏。

什么道理？以毒攻毒嘛。

闽南人自然也知道它肉质特别，例如《诏安县志》说虎鱼，"状如虎头，巨口无鳞，长不盈尺，肉嫩味美"。

老饕们会选肥大虎鱼，请摊贩宰杀，大剁八块。回家放姜清炖，

汤色透明，气味清甜，肉味在石斑之上。

虎鱼鱼鳔也是上佳美味，胶质不让红瓜鱼肚。如果晒干了用来氽汤，足以媲美上等的鱼翅、燕窝。

这么鲜美的肉味和毒丑外表的高反差，叫人惊叹。

它究竟是因为丑毒而鲜美呢，还是因为鲜美所以要有丑毒来保护？就好像我们常常思忖，有些人是因为吝啬而富有呢，还是因为富有而更吝啬？

近年来识食虎鱼的人多起来了，东海、南海的石头鱼，闽南人俗称石瓮仔的玫瑰毒鲉也大量现身厦门市场。

适应热带珊瑚礁环境的这种石头鱼，通身玫瑰色斑，如果说日本鬼鲉是以墨彩绘就，玫瑰鬼鲉更像西方野兽派作品，以浓烈油彩堆成。它大的有五六斤重，一身皮肤如同蟾蜍，布满瘤状突起，所以有一个更可怕的别名——肿瘤鬼鲉。深水区捕获上来的鬼鲉，压力减轻后，眼腹皆膨胀突出，更加狰狞可怖。

石头鱼相貌苍老，关于它的起源传说有许多，最著名的一个与女娲有关。上古时代，天现大洞，狂雨不止，人如鱼鳖刍狗。女娲难过得落泪，泪水滴落地上，变成斑斓彩石。于是女娲用来补天。

有一粒落入大海，这粒有神力的彩石便在大海中等待女娲捡起。天补好了，那粒小彩石依然在等待。头脸终日朝天，眼睛盼得突出，嘴巴叨念得下颌突出成地包天，头也想大了，一腔怨气迸发为遍体的疙瘩皮突和毒液，天荒地老，终于变成了呆若石头的鱼。

虎
鱼

HUYU

芦鳗

中文名花鳗鲡，鳗鲡目鳗鲡科鳗鲡属，俗名还有大鳗、花鳗、溪滑、花锦鳝、雪鳗、鳝王、溪鳗、鳗王，它是世界上分布最广泛的鱼类，我国只产于长江以南的通海河流与近海，为高级珍稀滋补鱼。一九八八年列入国家二级保护水生野生动物、福建省重点保护野生动物。

芦鳗是鳗类的特种兵，它和日本鳗鲡相仿，生于海洋而成长于江湖，不同的是能过两栖生活。芦鳗进入河川湖泊后，白天蛰伏洞穴，夜里出来索食。它鳃孔小，保水，而皮肤只要湿润，就能呼吸。芦鳗因此能到水湿草地、雨后林地，甚至陟山越谷行猎。在干涩地带，它靠分泌体液来滑行。

芦鳗胃口奇好，不问荤素死活，饿了能剥食竹笋、嚼食芦芽过活。古人说它能"升树食花",会到雪地觅食。

芦鳗的拿手绝活,是到农舍偷吃鸡鸭。

我年轻时候待过的地方,在九龙江源头,村子海拔千余米,山高岭峻,溪流有的地段陡急成瀑布,芦鳗也能登临出没。农民看房前屋后竹林里的春笋奇怪啃食印迹,就会小心自家的鸡舍鸭棚。即便如此,有时还是会有家禽被掠食。农民夜半起身巡视,一旦发现地面有滑亮黏涎,就洒下草木灰,或者埋下锋利竹刀、在陡坡下安置竹笼,然后回去睡觉。芦鳗清晨循原路回去,体液被草木灰吸干,无法滑行;或者腹部被竹刀划开,滚落大竹笼里了。天明,被农民收拾了去。

在九龙江流域,九十月间,北风刮起来了,落叶飘飞,林木瑟瑟。四五龄的芦鳗渐渐显出成熟色,背腹颜色由深灰转黑,腹部现出浅红,胸鳍则宛如镀金。

风雨大作,万溪暴涨,成熟的芦鳗感应了风雷呼吼,穿出银瀑如练的溪谷,汇入湍急狂澜,一腔"风萧萧兮易水寒"的壮烈,奔向海洋。它们要一路穿游到遥远故乡,在那里重演父母的繁衍故事。

芦鳗的产卵场,一般认为在菲律宾南、斯里兰卡东和巴布亚新几内亚之间的深海沟中,也有认为在远至数万里外烟波浩渺的百慕大海域,关于它们繁殖和洄游路线的研究,至今是世界级难题。

它们产出的油性卵,一边随海潮漂流向渺不可知的远方,一边孵化。孵出来的幼体透明而尖长,雅称柳叶鳗。柳叶鳗们朝着淡水游去,在河口变态为鳗线,由漂游改为底栖,夜晚才浮上星光黯淡的水面。

过去,春节前后,厦门湾大小淡水入口处,渔火灼灼,渔民们用弱光诱捕各色鳗苗。

芦
鳗

LUMAN

芦鳗苗和日本鳗鲡的幼苗相似，全身透明，只眼睛现两个黑点。唯一区别是它的尾巴黑色，在鳗苗里大约占一两成。

逃过了密密鱼口和细细网目的鳗线们，在河口厮混，长成到一两斤体重的新芦鳗，溯河去过两栖生活。

过去，捕捉新芦鳗的盛渔期，在闽南是九十月，而捕捞成熟芦鳗的汛期，在四五月。渔民说，成熟芦鳗早年也不易见到。一潮水捕到一千斤乌耳鳗有过，而捕到两三条芦鳗的事情几乎未闻。

芦鳗常在暴雨后出海。小的三尺，十斤左右，最大的两米以上重过百斤——捕到这样的大芦鳗，渔人们会压抑喜悦，暗语通报，有"大货"了——他们有语言禁忌，怕说了被其他芦鳗或龙王听到。

捕到这等大货，船靠岸了，渔民或者鱼贩将它装入大猪腰桶，用竹杠抬着沿街叫卖，或者直接去到高门大户的老饕家。大户老饕会出面招呼一干吃货，分而食之。潮汕美食家张新民说，吃芦鳗在潮汕地区甚至演化成了一种文化，芦鳗头相当于半条芦鳗的价钱，有人"认头"了，其他人跟着分买，"认头"就这样演化成出面担责的意思。

闽南烹食芦鳗的方法，是加上药材慢炖。有一回我吃简单的鳗块炖猪骨，觉得十分爽劲。以我有限的食历，大鱼中称得上肉质韧劲、脆爽弹牙的，一是中山脆鲩，那是喂食蚕豆改造出来的肉质；一是乌江鲟鱼，是乌江激流造就还是人工技艺尚未论证；再就是这芦鳗。

如今是高尔夫球场一角的上李水库，波光粼粼的幽静水面，湮没了一起著名的凶杀案。

一百多年前，这是一个只有百十垄山田的小村庄，几户人家都是李姓。那年秋天，有怪物接连来袭，掠食鸡鸭和即将收成的作物。

村民愤恨，轮番通夜守候，到了夜半，案犯现身，竟是一条大芦鳗。大家合围，钉耙锄头乱筑，大芦鳗血注港口溪，数里流红。天明，全村人一起把它煮来吃了。次日天亮，全村门户皆寂，人声不闻——全中毒死了。独独回娘家做客的一个薛姓媳妇得以幸免，留一个遗腹子撑门头。

　　后来从同安、安溪陆续迁来几户人家，合资起庙，祭祀那条大芦鳗，祈求不要作祟。

　　我和上李村民议论，他们说这条芦鳗已经成精变龙，道行极深，所以村人不该杀它，招致报复。他们不知道，只要是老鱼，身上都积累有太多的重金属。这条几十上百斤的大芦鳗，吃遍了大洋万类，体质非凡，毒素当然也不少。而且它像有些鱼，一旦怀卵，就会生出毒素来自卫，毒死人并不奇怪。

我还是讨海少年的时候，渔师木贵悄悄说道，上李水库有芦鳗，找个月黑夜我带你去。

我问如何捉捕？

他说先用脚踩找到鳗洞，然后用钢叉插下，插中了就翻搅。

四十多年后，我站在八九十年前西门子公司建造的上李水库大坝下，看这二十几米高的大坝，两边都是峭拔的岩石。虽然知道芦鳗爱顶流而上、能借瀑布水势而蹿上断崖，仍然不能不叹服它的攀缘功夫。

上李村民说，过去下暴雨，上李水库溢洪，时有芦鳗穿破堤网与水瀑同下，众人包围，都抓不住。

看来木贵所说不虚。不知什么原因，他最终没带我去。

我和一位邻居泡茶闲坐，说起这段逸闻，他说，他在老家，见过长有三四米的大芦鳗。

他说的也是将近三十年前的旧事了。

秋天，惠安一些文化青年到乌潭水库边夜宿，背后是黑黢黢的森林。突然有阵阵呼啸传来，众人回头看山，林木不动，声音只能是水面传来。

定睛细看，湖心突出的那块大石岩上，似乎多了一坨东西。既然不是老虎，四五个人就壮了胆子，撑一条小船去看究竟。船近石头，啸声越来越大。悄悄靠上石头之际，那一坨东西伸起头，腾展身子，扭转下水，尾巴扫到船边，小船登时翻底，四五个人齐齐落水。好在都会水，捡了命回来。

大家推理，估计那是一条大芦鳗，爬到石头上纳凉打鼾——所谓龙吟细细，恐怕就是如此。

事过不久，他和一班孩子游泳，游到水库涵洞前沙堆上岸。不承想，一个伙伴踩到异物，脚下打滑摔倒。从他脚下泥沙里钻出一条巨鳗，蜿蜒钻入涵洞。那伙伴原是捕鱼好手，急急回家叫来两个哥哥，带着钉耙、鱼标、网篓，钻入幽深涵洞，一路平排扫荡过去，终于撞上那条大鳗。死斗半天，三兄弟用硕大鱼篓抬着那条大芦鳗回家，拉直摆放在埕前。海碗粗的大芦鳗，三米长，还在心有不甘地喘息，鼻孔上方的银蓝眼睛和头端两柱触芽随之晃动。

凶野悍猛的芦鳗，因为表皮的浅色花斑，学名被叫作花鳗鲡，实在太雅丽了，它的江湖诨号鳝王、大鳗，其实更适合做它的称呼。

芦鳗一九八八年被列入国家二级保护水生野生动物、福建省重点保护野生动物。现在市上所见的都是养殖的，体态笨肥慵懒，全然没有它祖辈出生入死的剽悍神勇，真如古人说的"鱼质龙文"，徒有其表而已。

芦
鳗

LUMAN

埔活

　　埔活有两种，分别为日本大眼蟹 *Macrophthalmus japonicus*、万岁大眼蟹 *Macrophthalmus banzai*，均属节肢软甲纲十足目沙蟹科大眼蟹属。闽南常见的招潮蟹有弧边招潮蟹 *Uca arcuata*、屠氏招潮蟹 *Uca dussumieri*、粗腿绿眼招潮蟹 *Uca crassipes* 韦氏毛带蟹 *Ootilla wichmanni* 等十余种，均为沙蟹科招潮蟹属。蚝贼学名四齿大额蟹 *Metopograpsus quadridentatus*，十足目方蟹科大额蟹属。红螯相手蟹 *Chiromantes haematocheir*，相手蟹科螳臂蟹属。豆蟹 *Pinnotheridae*，豆蟹科豆蟹属。

　　闽南沿海常见的蟹类，分属三个阶层：蟳、梭子蟹等大型蟹类，是豪强权贵；石蟳、石蟳、三目蟳之流是中等阶层；蟛蜞一类、埔活、蚝（音豪）贼、招潮——闽南话称为"大脚婆"，是下层。

五代时期浙江有文人名叫毛胜，自号天馋居士。这老兄心思都在吃喝上，只混了个道德判官，终日无聊，于是起意撰写《水族加恩簿》，仿照天子任命文武册封后妃口气，赐予海鱼江鳞各种衔头。蟛蜞被称作解微子，"形质肖祖，风味专门，咀嚼漫陈，当置下列，宜授尔郎黄少相"。郎黄少相是宫门下侍臣，也算个官。

毛胜空发官帽而已，螃蟹还须各自去讨生活。

当然，海洋大了什么蟹都有，《海错百一录》记述连江娘子洞前的沙洲，有一种以海岸芦草根为食的"芦禽"，它"大如豆，以爪画沙，作牡丹芙蓉芍药兰蕙松柏棕柳之属，色色皆工"，算是螃蟹中的艺术家。

有些小蟹也不必操心生活，譬如小如黄豆的豆蟹，可以寄生于牡蛎、扇贝、贻贝、珠母贝、砗磲的外套膜，甚至水母、海葵体内，蹭吃喝，无忧虑。它们都长得玲珑晶莹，成熟时腰间饱满鲜红，古人称为蛎奴。

不计利益执着于高雅艺术的，或者附身寄生的，毕竟少数。埔活、蚝贼、招潮之类，是必须天天趁食的芸芸众生。

蚝贼、招潮和埔活，都栖身社会底层，生活态度很不相同。

蚝贼头光脸滑，一身亮绿夹克，两只粗壮螯钳，显然混过大拿，如今靠脸面还帮人做点场面事情。

掩不住本性的，是那一副紫红大螯和暗绿毛脚。潮间带是海陆重合交替的世界，蚝贼——豪贼是适应力最强的蟹种，不光穿行于贝类藤壶海葵之间，吃生、杀熟、捡腐食，也会上岸行猎，更有绝招，它能顺杆子爬到红树顶去打食。

招潮奉行的则是一派厦门人的生活哲学——"饿爽饿爽",时光一半耗在泡茶扯淡,打扮力求入时,又爱说大话。招潮无事就挟一支红色大钳螯,如老板夹硕大皮包矜持而行。

它有时把大钳螯高贵挥起,像在呼唤风雨,古人以为是在招潮。或者文艺一点,像乐队指挥画个潇洒弧圈,老外就被这做派迷惑了,英文称它小提琴蟹。

不是那回事啦,要么是在招呼女朋友,要么偶尔打一次的,好好派头一下。

那支大螯，求爱时用来磕击地面一声一韵告白，争风吃醋时用来展示肌肉，动真格了才像相扑选手用来把对方推出地盘。

小时候，我们只要走到筼筜港高潮带，一眼望去就是密密麻麻的招潮。各色雄性招潮，一只只举着不同的大螯悠游横行，或者碰撞闲耍。

当然，细分下去，招潮们也各有个性。

比如螯色深赤者，即古人说的"执火"，好像有打抱不平的古道热肠。白扇沙蟹，变色很快，说变就变。环境稍有变化，你前一句话话音未落，后一句它已经变一个颜色了。

也有靠腿脚快的。角眼沙蟹号称幽灵蟹，它用三支脚，一秒钟能跑一点八米。好事一来，它已经在场，要有什么责任，迅即开溜。不过快跑只能持续六秒，人们还是看得清它的踪迹。

招潮的计算力在动物界独树一帜，它们每一步都以家为原点定位，精准算计。但是精巧小九九不一定有用，你只消直冲而去，它们躲避不及，或硬闯他人家门而不得入、一支大螯架在洞外，捡起来就是。

招潮们的生物钟也极其发达，能随潮汐节律周期而变换颜色，赶各种时髦。

埔活却极勤勉。长方形的壳——学术用语称头胸甲，大的有一寸多。它长着一对毫无攻击力的钳螯，注定不能巧取也无法豪夺，只能做实力活。

你看到它，不是在挖穴搬运，一身泥水忙碌着，就是在涂坪上踽踽而行，两根火柴棒状的长眼转动着，找到什么吃什么。

我在金门看海洋展览，学者称它是"最会吃的蟹"，整天动不停，吃不停。

为什么啊？吃的都是低营养，有时就吃泥土。

总之，不是豪强，不奸猾也不乖巧，更没有出人头地的梦想，只能终日低头"找三顿"。它是最辛苦的族群，紧紧依赖这块土地存活，其实它们就是土地的一部分，连肤色都和海涂一样灰黄。

我因此选了"埔活"这两个字，做它的普通话译名。莆田以北的福州方言区，它们通常被叫作蟛蜞、螃蜞。莆仙话里，它的读音是"不要"；到泉州话里，读成了抑扬顿挫的"埔蛙"；厦门读音如泉州话而平和，读作埔活；过到漳州，就叫蟹仔了。

莆泉厦三者相较，我觉得"埔活"最能传神。

我比照好多蟹类图谱，来核实这些幼时朋友的身份。厦门的招潮，辨识清楚的有粗腿绿眼招潮蟹、清白招潮蟹等四五种。而蚝贼的官名，是四齿大额蟹。

埔活，比来比去，竟是日本大眼蟹和它的相邻种万岁大眼蟹。它们的差异似乎只在螯色：日本大眼蟹的双螯灰黄中微微渗出赭红；万岁大眼蟹呢，公的瓷蓝，母的象牙白。万岁大眼蟹得到一点吃的，会兴奋得分举双臂，日本人认为是在山呼万岁，就给了这名字。

埔活是我们捕食最多的下层蟹类，我们不是存念捉它，只是它就在眼前浑浑噩噩地爬，讨海团们又很饥饿，你说怎么办？

为什么不抓招潮啊？蚝贼啊？

啊，它们太难吃了啊！

埔活和小鱼小虾放一起煮酱油水，就吃它那点滋味。农历三至六月，埔活头壳圆隆之时，一腔肥满油膏，膏香滋味虽然朴素，香美胜过小螃蟹。

二十世纪五六十年代，会有讨海妇女背着竹篓，沿街叫卖刚刚捉来的埔活、跳跳鱼等零星海鲜。街边小食摊，也会有煮埔活，四五只一碟，摆在油腻腻的破旧木桌上，供拉车扛包的人配地瓜烧。

埔活为一般市民熟识，是酱瓜仔店里有腌埔活卖。壳长盈寸的腌埔活，青灰泛黄、脚螯杂乱，拌着红辣椒丝和白蒜瓣，一搪瓷盆放在白瓷砖柜台，散发虾油味道，很勾引口水。

当年厦门人，早餐能配油条、豆腐或花生、皮蛋的，算是大户人家。我家属中等之家，大清早，母亲煮饭，叫起个大孩子，给五分、一角，吩咐去买点咸荷兰豆，或者到酱瓜仔店买几分钱四色菜、腌萝卜、咸姜。钱多，会让买几只腌埔活。

这样的小菜配粥，咯咯咯咯，三大碗、四大碗稀饭汤喝下肚，拉过两次尿，肚皮就贴脊梁骨了。小学上到第三节课，我总会一阵阵头晕。营养不够呀！

招潮对我们而言，用处只有捣烂加水，去诱捕加锥螺、豆仔鱼。

蚝贼似乎百无一用，其实可以仿照埔活来腌制。它常吃不洁之物，腌前须水养，滴入些花生油，让它把脏污吐出来。腌蚝贼内囊空虚，只有发苦了的虾油味道，闽南人说，就吃气味。

倒是漳州人派它一个功用：凡口内生疮，就含这腌蚝贼，说能吸痈疽。

埔

活

PUHUO

梭子鱼

　　硬骨鱼纲鳝科鱼类。常见的有三种，分别为多鳞鳝 *Sillago sihama*，俗名金梭、沙梭、沙尖、沙钻、船丁鱼、麦穗；少鳞鳝 *Sillago japonica*，俗名银梭、沙梭、沙尖、沙钻、青沙鳞；斑鳝 *Sillago machlata*，俗名沙锥、沙肠仔。

　　梭子鱼是闽南内海用各种渔法都可以捕到的鱼。

　　海边孩子，到泥滩上挖海蜈蚣，或者到岸壁拍几只海蟑螂，就去钓梭子鱼。

　　钓鱼，要懂得调节浮子下的钓线。冬季，梭子鱼潜水，钓线要一两米。夏天梭子鱼吃口浅，鱼钩到高粱秆浮子之间的钓线，只需五寸一尺。

海蜈蚣、海蟑螂被穿上鱼钩，半死不活地扭动，容易把梭子鱼诱来。

梭子鱼樱唇小小口，吃起饵却老实不客气。上钩了，你得优雅收线，太用力，鱼钩会把它口唇拉断。

海边团在岸边一字摆开数支钓竿，插在沙滩或者用石头压上，半天能钓个二三十条，家里一天的下饭菜就够了。

有钱少年，会买副三脚罾——一条横杆撑开两支竹竿，绷成三角形的网——在沿岸浅滩上迎潮守候梭子鱼等近岸鱼类。走运，碰上一大阵梭子鱼随潮而来，一网就是几斤。梭子鱼们在网底蹦跳，得用捞兜抄几次才能捞净。鱼篓装不下，解下腰间布袋。

块头大一点的，用四脚罾。在临深水的码头、栈桥、礁岩，找一个支点，撑一根粗竹筒，放下韧竹竿绷起的四方网。看有鱼浪旋起，迅疾拉起来。

更专业的，去放绫帘，即流刺网。

放绫帘也是要懂得不同鱼种在不同季节的吃水深度和鱼体大小，比如春天加剥仔、籽仔在泥底觅食，放一寸口沉底绫。梭子鱼呢，喜欢到水面串游，用水面绫……

最见功力的，是手抛网，掩罩取鱼。渔人手揽一抱网，沿岸行走，随时抛收，这就是古人说的"步取"渔法。手抛网的下纲索缀着铅坠，而网尾倒卷，入网之鱼最终多落入这个网尾褶子。

甩网的功夫，一是眼力，能够根据水纹浪花——所谓鱼花，或者地势，判断是否有鱼。二是抛网，能随心所欲撒开网状和落点。三是手感，有经验的渔人借网的颤动就知道网中鱼货和分量，前后左右拉抖，避开海底障碍，以巧力把网拉上来。

梭子鱼

SUOZIYU

　　掩罩网，也能移用到船上。九龙江口早时多有长仅丈余的公婆船，靠一张小小的手抛网营生。

　　咿呀划行的公婆船，三角形发髻上分插两朵金红春仔花的渔妇坐船尾划桨，老公立在船头观察。

　　一旦他叉开双腿，渔妇知道要撒网了，立即倒桨停船，定住船身——这一霎的船头角度、速度，可能决定了网的展开幅度、落水的位置。

　　说时迟那时快，男人立时扭腰回顾，面对渔妇，似乎是四目对视、火花迸射。忽地转身，"唰"一声把网甩出，渔网张开成直径数米的大笼子，从水面罩下。

男人未等网落水面浪花溅起，已经回身看望渔妇。渔妇立马调正船头，推桨驶船向前。

渔郎拉起网，渔妇搁桨上前，一起摘鱼。早年秋冬季节，一网上来，内褶上密密麻麻插着一圈梭子鱼。

公婆船渔妇与渔郎的默契，尤其是撒网前后频频对看，惹得岸边劳作的农妇们羡慕不已。

龙海石码的锦歌唱道："一次撒网一回头，网网回头看贤妻呀呀呀……"喑哑苍老歌声，从渔村老榕树下，被月琴二胡三弦大管弦洞箫声托着，呜呜袅袅，在银澄澄的月下随江风远去，飘散入海，绵长无尽。

梭子鱼体形如渔家织网竹梭，近海多是金梭、银梭。

它们生性胆小，上水面觅食了，钻入沙中藏身，所以也叫沙梭、沙钻。

各地俗名也多带沙字，例如《诏安县志》说它"长五六寸，状如织梭，诏人呼沙鳅"。

梭子鱼的味道，就像它的体色一般清淡。但是无泥味，无腥味，无需加蒜葱姜去腥，一般人都喜欢它。

它的肌肉却比较斜短，清蒸、煮汤，鱼体容易碎开，居家做法是煮豆油水，借盐分让它肌肉收缩结实。

梭子鱼肉质略嫌稀松，脂香不足，厦门人喜欢用葱头油为它赋香。滚油里的葱末赤红之际，注入豆油水，味地一声，升腾起干葱与豆香混合的酱味焦香，豆油水沸了，排入梭子鱼，滚几滚就出锅。

如今大众化食堂，没工夫来做这些豆油水了，裹面糊油炸是规模生产的讨巧做法。

这些年排挡上也流行椒盐梭子鱼。挂薄浆油炸，撒上椒盐，好

梭
子
鱼

SUOZIYU

像一条条大鱼柳。老闽南人说，没有酱香、少了鱼鲜，我们欣赏不来。

在曾厝垵卖鱼的一位龙海渔妇说，他们连家船煮梭子鱼最简单了：盐水开了下鱼，顶多是浇几滴豆油作色，撒一把蒜，滚两滚，八九分熟就起锅。临吃时用筷子把鳞片抹去、肠肚挑开就是，没耐烦刮那些细鳞片、剖那小肚子。

"只要鱼鲜，就清甜好吃。"

不过，她说，那种细身小眼的金鳞沙钻，最鲜甜。

看来很得梭子鱼料理三昧。我推想，她早年应该也是"欲得渔郎顾，频频想停船"的渔妇吧，能把梭子鱼吃得那么简单精到。

土龙

中文名食蟹豆齿鳗，学名 *Pisodonophis cancri-vorus* ， 闽南俗名土龙，连江称青骨，平潭叫鼓头钻，霞浦称油龙等。杂食豆齿鳗，又名波路豆齿蛇鳗，台湾也有人将其称作土龙，学名 *Pisodonophis boro*。均为鳗鲡目蛇鳗科豆齿鳗属。

土龙是闽南人本土化滋补神品。人参、鹿茸、燕窝是大富贵人家才能问津的，百姓人家但凡跌打损伤或久病初愈，要滋养壮身，陆上是老母鸡、番鸭，海里首选就是土龙。

卖土龙的走贩挽着小浅桶，敲一面小锣沿路吆喝，"土——龙""土——龙"，很有进行曲节奏的喊声，穿透小城的明街暗巷。他们用的秤很小，因为土龙贵，是论两卖的。土龙颜色黄灰而背色暗绿，细细长长，盘在桶里，常常是一条一斤上下。

土龙贵有贵的道理。

土龙中文名食蟹豆齿鳗，以猛蟳为食，你说该多勇猛？台湾人则把食性更广的杂食豆齿鳗，也当土龙看待。

潮汕人称土龙为"窦龙"，我觉得最准确。称为涂龙或土龙也还凑合，鳗类多爱穴居，土龙不论潮来水去，总居留于滩涂洞里。

早年，特别在夏秋季节，潮水退去，笃笃港两岸袒露辽阔的滩涂。专挖土龙的渔师，挂着海锄头，跋涉于滩涂，东察西看，寻找土龙洞穴。

滩涂上散布着虾蛄呀章鱼的各样洞穴。土龙是竖洞，洞口大，洞唇光滑，甚至留有些许土龙黏液。土龙要是在洞唇搓身还不解瘾，会捡些硬土头石块堆在家门口，用来摩擦解痒。

土龙师发现洞穴，以海锄头迅猛挖下，挖到穴中见水，通常已经挖出直径五六尺的大坑了。

此时祭出法器——挂在腰间的那支长一公尺的土龙叉。土龙叉头有五个刃尖，三直两曲，全带反钩。反钩尖端，极其尖锐。他用这五爪十刺神叉，沿着洞口围插，直抵硬土层。

一圈圈围插，向洞中心逼近。如果洞中水涌，这厮已经被赶到主洞里啦。水位骤降，表明土龙又逃遁了。土龙师往洞里加水，让水深复位，重新围插。

一旦感觉叉住了，迅速转动叉柱，然后抽起钢叉，拔一条猛力扭舞不停的土龙出来。

另一个流派的土龙师，甚至不需要挖穴，只借洞内水泡方位来判断土龙位置，操长叉直取。民国初年，有美国人目睹厦门渔师这种叉法，耸肩摇头不止，惊叹他有入土三尺的透视目力。

夏天，我在笕笃港边蚝簇下，看到土龙从一个洞里冒出头来，赭黄的头，圆鼓鼓的腮瓮。

一下子猛掐拉起来，有一尺出头。小是小，毕竟也是土龙啊！

回家向母亲兴奋提议，炖当归，吃补。隔水炖了小半天，母亲小心翼翼端出来，全家每人分享一口。味道不错，只是硬邦邦的。把肉身拨开了，浑身是刺骨。我有些疑惑。

母亲笑一笑：我当时看，知道是硬骨窜。硬骨窜也不错呀，一样补身呢。

后来有卖土龙的来，我从围观的大人中钻出头，留心看桶里土龙。

土龙头部粗短，鳃囊鼓起时，粗大近乎一倍。它的两个鼻孔之间有一两个尖起的小肉瘤，鼻后也有一个尖形的皮质突起，嘴角有两根短须。

硬骨鳝呢，头尖细些。它的鳃囊不会鼓涨到接近六十度的钝角。

但是最容易辨别的还是尾巴。

土龙的尾鳍已经消失了，尾巴圆秃，大约经常用来在海涂挖穴吧，尾端有胭脂红，摸来略有硬刺感。

硬骨窜同样没有尾鳍了，尾巴收束处，形如三角锉刀，有突出尖刺的尾骨。大概它要挖的洞穴，质地更坚硬些。

它们的身体，大的同样能有四尺。但是土龙圆细匀长，而硬骨窜过了肛口就慢慢收缩下去。

闽南人崇信鳗类的滋补神力，芦鳗位居第一。土龙功力稍逊，置养三五天，也能活得好好。剁了头，身子肉还能活半天。

厦门传统土龙食方，是加入当归枸杞，用陶锅慢炖。

　　讲究者却不肯如此轻易放过它。简单的呢，是土龙加膏蟹，投几钱人参或一把四物呀八珍之类的，炖个把小时。如果要香醇厚味，再加猪尾入炖。再讲究的呢，炖老母鸡，号称"龙凤配"。

　　厦门港一位老舥说，有一回他在市场上碰到一条重有三斤的稀罕货，极粗壮。于是与猪尾骨、番鸭一起放在土锅里炖，海陆空混成作战。再丢一大把西洋参下去，炖一小时，浓香忽忽顶锅。等到揭盖，锅面一片油黄，浓香喷薄，满室弥漫。土龙几乎炖烂，只剩龙头连一根脊骨带着刺骨。

　　这大补膏汤是什么味道？他说，妙不能言。

　　土龙泡白酒，是最闽南的特色食方之一。把土龙和当归、川芎、巴戟、肉桂、枸杞、桂圆肉等十数种药材装入大玻璃瓶，经年浸泡，药酒浓稠如膏。喝一口，血脉贲张；喝两口，血热从尾骶蹿上来，穿通了任督两脉。一般人喝到第三口，百会发麻，头脑昏烈欲炸。

我到漳浦，做骨伤科推拿的朋友请饭，就吃土龙。他说，如今在漳浦，一年也碰不上几条野生龙了。一般酒楼吃的，都从广西、越南贩运过来的养殖货。

他说，也有店家做手，用硬骨窜当小土龙炖。不过内行人能识别出来：土龙的骨节断面是回字形的，而硬骨窜的骨头断面是三角形的，小刺多而尖利。

老到的店家作假，用的是和土龙几乎一样的杂食豆齿鳗。只有高人懂得区分：土龙——食蟹豆齿鳗的背鳍起点，在胸鳍的中部；而"李鬼"的背鳍，起始于胸鳍后方。

那个乡村医生朋友说，土龙有活血通络、追风定痛等功效，他早就把它列入骨科食疗的药帖。但凡摔伤、骨折、筋骨酸痛、形衰乏力者，必定建议食一帖"药膳土龙"，或者喝"土龙药酒"。

土龙并非都要以高端药材做它"鳗中贵族"的身份陪衬，我们到汕头、澄海吃土龙锅：土龙煲黄豆、苦瓜，做夏日去燥热的药膳，当然是养殖土龙啦。

土
龙

TULONG

文蛤

大文蛤 *Meretrix meretrix*，文蛤 *Meretrix lusoria*，均属双壳纲帘蛤科文蛤属。我国沿海还有斧文蛤、中国文蛤、帘文蛤等六种。俗名蛤蜊，海蛤、黄蛤、花蛤、丽文蛤、厚壳、蚶仔、粉蛲、白仔、车白、车螯、螯白等。

聂璜的《海错图》里说，雉入大海化为蜃，而蜃——巨蛤吐气，弥漫出海市蜃楼。

巨蛤气射斗牛化出仙山瀛洲的说法，由来已久。《海错图》难得的，是用两帧册页，画出蛤造海市蜃楼的图景：一股气流自蛤口喷出，飘飘忽忽，化出一片天地。

十多年前，我登临以海市蜃楼著名的烟台蓬莱阁，凭栏想望仙山出现的景象。什么蛤有这样的法力啊？我知道，黄渤海、东海最大蛤类，就是文蛤。

在蓬莱阁下吃午饭，席上恰好有文蛤，分外亲切：就是它吐化海市蜃楼啊？

文蛤形同打开的折扇，壳片光滑如着釉彩，画着一圈圈同心的生长轮脉。壳内面是洁净的瓷白。壳表颜色有深灰、深褐、米黄等，上面的斑纹可以是放射纹、波浪纹、点状纹，大部分会有自壳顶射出、由细而粗的八字纹。

它埋栖河口、内湾或浅海的潮间带，靠斧足钻掘潜泥，以出入水管足呼吸、滤食，随个头增大而往潮下带移动。

我在厦门筼筜港讨海时，多泥地方偶尔会挖到文蛤。厦门钟宅湾到前埔一线海边人家，闲时会到海滩，用耙子耙沙泥，凭声发现文蛤。也有用脚踩活沙泥，让文蛤自然出露的。

闽南各河口，过去都出产名为厚壳、粉蛲（音挠）的文蛤、丽文蛤等。《海错百一录》说，小者如拳，大者如盘。老闽南人回忆，大的一个就有一斤。成人拳头大小的文蛤，如今难有一见，市面所见的都是养殖的。

老朋友王莹到金门，买了野生文蛤，苦无炊具，只能放电热杯里慢慢炖煮。她描述说："微微冒泡时，猛然窜出鲜香，类似鸡肉，比鸡肉强烈，食了这么多年文蛤，从未感觉如此强烈，汤头微蓝，清鲜无比！"从她拍来的图片看，壳润如玉，形状尖椭，壳厚，自然环境里缓慢生长的文蛤就是如此。

文蛤食法不太多。旺火速炒，或者加姜丝放汤；也可以煮素朴而海味浓郁的文蛤豆腐汤；餐厅常见的还有蒸蛋。

它在夏季最嫩美，闽南人用来煮清新的丝瓜汤，或者加两片米

文蛤

WENGE

粉做主食。我大姨子说，困难时期，两三个厚壳或者粉蛲，就能打发四口之家午餐了。

文蛤吃法南北略有不同，奇怪的是地处江北的中国第一文蛤大县如东，却有像潮汕人一样的生腌食俗。我推想，可能与淮南原属百越之地有关。

厦门"卤小小"大厨叶钊，在潮汕老家以腌文蛤出名，每天卖两大桶，绰号"车白钊"——潮汕人把同属蛤蜊的车螯和螯白合称车白，用来称呼文蛤。我看他在朋友圈晒腌文蛤，赶去尝鲜。

他的材料，除了蒜末、朝天椒、八角、桂皮、生抽，有三样比较特别：

用上好红花椒，不太麻，气韵极香冽，有悠长的甘甜后味。

加入炒黄豆，掺入厚实的豆香。

用浓香白酒提味——他笑着说，自己吃，就用威士忌。

用这样的腌文蛤来下酒，贝肉嫩脆到不须咀嚼，且味道深长。

日本料理也爱用文蛤，别开生面的是做刺身、做天妇罗。而清酒蒸文蛤，让它淌出浅蓝色的汁，再放一坨烫过的萝卜丝和几丝香菜，相当清简本味！

最简单的料理是烤，用它背的"锅"把自己烧熟。中火上烤三四分钟后，毕毕剥剥裂开，蛤汁蒸发出腥鲜，盈盈扑鼻。

文蛤有奇特功夫，能吐胶质的口涎——这胶质囊状物最大能扯到三米长，像张开的水底降落伞，让身体悬浮起来，随潮水飘流到宜居的地方。

应该是这顶降落伞，让古人幻生它能吞吐蜃气、营造海市仙山的神想吧？

据说徐福寻觅的海上仙山是日本。日本在工业化中，列岛改造、水岸固化、海岸地带城市化……带来了水质污染、海滩消失等问题，虽然努力修复，文蛤在多地已经灭绝。日本人现在食用的大部分是中国、韩国的文蛤和墨西哥岛蛤。

前些年，我们重蹈了日本的覆辙。规则齐整的岸线何其漂亮啊！海滩造地又可以开发多少房地产啊！但是如今，比如厦门海滩，有多少地方能"寻觅乡愁"，挖到野生文蛤、赤嘴蚶仔、土笋之类呢？

乌耳鳗

乌耳鳗鲡，学名 *Anguilla nigricans*，鳗鲡科鳗鲡属，俗名乌耳鳗、黑鳗、白鳝。

冬日熙和，傍晚却风云突变，突然刮起西北风，像落山风似的，刮得天昏地暗，生硬拍击人脸。呼啸寒风，把泥灰斑驳的老墙头上枯了半截的风葱都拗折了，把自夏末一路开来的丛菊花瓣，一缕一缕摇落到青草石天井。

闽南老人知道，临近冬至的这种俗名"漏青冬"的狂飙，是寒流锋头。

老人抱个灌满热水的红铜水鳖或者陶罐，早早躲上床。抬头看看瓦缝，望着被寒风震得簌簌落下的灰尘，叹一声年老血脉衰弱，说，也好，明天有乌耳鳗补冬啦。

乌耳鳗像鳗仔一样，通常是在天冷地寒的节候，由江河入海的。

第二天，市场上鱼摊竹架，果然蠕动着渔家深夜从江中、近海打来的一笭笭乌耳鳗。它们比鳗仔粗短肥黑，头大，腹部更白皙。

小康人家主妇，会细心挑买胸鳍——俗称"鳗刀"最乌黑的，压在菜篮子底下，再去药铺买一剂四物或者当归，回家炖乌耳鳗。

二十世纪五十年代到八十年代，乌耳鳗的价格，总是上好黄翅鱼的一倍左右。

料理乌耳鳗，也像炖鳗仔、土龙那样，洗净了，用粗糙草纸，把黏液捋尽，和药放入砂锅或者土钵子。鳗鱼未死，得用手或者重物压住钵盖。

柴火灶燃起来，一刻来钟，鳗鱼的鲜香和着药香，开始袅袅飘散，弥漫屋宇，钻出窗门瓦缝，飘过左邻右舍。

闽南人认为，乌耳鳗一类食补，晚上吃最见效。

当家主妇催促小孩，早早吃完饭。又端来一木盆热水，侍候老少烫洗手脚上床。

公婆、男人、孩子都窝到床上了，主妇才掀起锅盖捧出陶钵，端到被窝前，把剔开肚子去了内脏的乌耳鳗夹断，一段段送到老人、小孩口里，你一口肉他一口汤地温热进补。

老人家咂了几回舌嘴，切切叮嘱，明天一定不许吃青菜，不能喝茶。萝卜最解补哦，万万不许吃。

主妇收拾了床头碗筷，咀嚼松软油香的乌耳鳗骨头，用筷子翻检药渣里的鳗鱼碎末，或者连着药渣嚼下。

我和乌耳鳗交手，也仅有一次。

那是小学四年级暑假。午饭后，算算潮水，罢了，去盐场钓鱼吧。也不管外头赤日炎炎，赤膊条条，把鱼钩钓线塞入破西短裤口袋就走。

现今禾祥东路与湖滨中路交界附近、原厦门公交公司所在地方，当年是厦门盐场的大涵口。大涵内，海水分流，东边有一个导水到盐田的小涵口。

高潮潮水倾满大涵水道之后，会漫过小涵闸板。我们于是有两次机会钓捕趁流的鱼。

我到时，大涵口两旁早被占据了。潮水正越过小涵闸板倾泻。

把钓线绑在从路边工厂篱笆抽拔来的竹竿上，在水沟里淘几只寸把长的小虾，穿上鱼钩，甩竿放钓。

海里的鱼们吃相各不相同。譬如黄翅吧，生性多疑。它不像鲈鱼、石斑、黑翅，咬钓凶猛。黄翅初咬钓，轻轻噙饵，一下下轻啄扯动，甚至用胸鳍夹游。此时你拉线，它就跑了。知道它在咬钓，你尽管放线，让它拖着边跑边吞钩，再猛力一扯。收线时，它还会上下左右跃动挣扎，你要时紧时松，硬拽可能把钓线扯断。

钓线忽然绷直！竹竿被扯得差点脱手。一股沉猛强力传到臂上，暗暗吃惊，什么鱼，力道如此之大？

那厮一个劲后退，按理应该放线，可是四五米长的钓线早都甩到水里啦。那厮死命猛拉，人被它扯到堤岸坡下了。

脚下就是沟渠，再无可进之处啦，只好强力把杆，听凭运气。

水底那厮后拉不了，于是呼呼呼左摆，突突突右移，惹得旁边孩子们也喊起来。它又上下左右甩线，鱼线松松紧紧，银丝舞动。折腾七八分钟，气力明显弱了，我猛力拉将上来。

一个黑油油的头冒出水面，黑黝黝的身子，啊呀，乌耳鳗！

它被拉到土堤上。扑按几次，都被扭脱，一直到它身上黏液被

沙土沾满了，总算捉稳了它。

审视战利品，一尺半多长，头径粗过寸半。

我赤裸上身，没有装鱼器具，环顾海涂筑起来的土堤，陡直溜滑，连个藏放地方也没有。只好松开皮带，把它束在腰头上，像佩一把短剑。

短剑不停地晃悠甩动，黏液腻人，收兵吧。像凯旋将军阅兵，一路骄傲走回家。

乌耳鳗学名乌耳鳗鲡，身体颜色深褐到油黑，半腹以下为浅肉白色，福州连江一带叫油钻，广东人却叫白鳝，也许是因为耳朵内面呈白色或者腹部呈牙白吧。

它在闽南是贵重鱼类，厦门一般人家要年节才会问津，除夕童谣《围炉歌》唱道：红膏蟳、乌鳗鱼，吃蚶才会赚大钱。

这些年，我放过几次约，请卖野生海鲜的朋友帮我留意乌耳鳗。数月不见，朋友有些差惭：不是说了吗？允山不允海，只能看运气。

乌耳鳗和日本鳗鲡——即闽南人说的鳗仔，生活习性相似，同为降河性鱼类，必须回到海里产卵繁殖，然后再进入淡水生存。

但是它不像鳗仔那样在淡水长住，喜欢窜江泅海。如今闽南诸多河川，几乎都筑起电站水坝。幸好还有漳江等较小河川未拦，让它苟活传种。

厦门卖野生鱼的朋友，有一天发来微信，报告有一条捕自澎湖的鲜活乌耳鳗，大至十几斤重。这才让我注意起乌耳鳗的生态，翻查资料，不查不知道，一查吓一跳！

"乌耳鳗鲡，鳗鲡科鳗鲡属的鱼类，俗名乌耳鳗。中国特有品种。在中国，分布于福建南部的江湖河口等。该物种的模式产地在福建厦门。

"中国物种名录评估等级：极危 CR B2ab(i)。"

"极危 CR B2ab(i)"的含义是，这种生物的灭绝危险程度，仅次于野外灭绝，原因是种群"扩散能力有限、密度低、种群波动"。

我们有眼无珠，不知爱护家里的宝贝！

不过对乌耳鳗"分布于福建南部的江湖河口等"的说法，我心存疑问。

《广东渔业志》说，乌耳鳗分布到珠江地域。在潮汕地区，乌耳鳗也是著名食材，谁被人无中生冤枉，愤恨着说："你白白灰埕踏出乌耳鳗啊！"可见声名遍知。

乌仔

中文名鲻 *Mugil cephalus*，鲻形目鲻科鲻属，俗名乌鱼、火管乌仔、乌母、田鱼、青头、青头田等。

鲻科的鱼，中国有五十多种，乌仔称正鲻，或简称鲻，足见其乃鲻类天胤。闽南渔谚说，寒乌热鲈，说明河口渔业时代，它是闽南人最喜爱的鱼类之一。

我十几岁时，常独自去夜渔，摸港、举罾。
母亲担心。
外婆说，他生肖大，没事。

邻居渔师木贵说，既然你不怕夜间出没的那些东西，能不能和我去盐场涵口捉乌仔？

春节前的子午潮日子，月黑之夜，北风呼啸，正是乌仔出游时候。

网具、鱼篓绑在后架上，午夜，两部脚踏车顶着刺骨寒风，往如今叫长青路口的埭头奔去。

筻篹港南岸 一九五八年围起了一个大盐场，埭头是内盐场涵口，涨潮时海水从闸板泻下，会有鱼虾蟹来趁潮。

脱外裤，上衣卷过腰头，轻悄下水。在涵洞口外拉网，上下网纲绑在石头上。然后各持手抄网贴地推去，把拦围的鱼虾逼往墙根，贴涵板拉起网口。

初时没经验，兜住乌仔了，急急提网。硕大乌仔立刻以尾击网，凌空而去，"砰"地入水，激起数尺高浪片，闪耀着繁星般青莹莹的磷光——《闽中海错录》说它会"击尾趵扈"，霞浦人直接叫它"跳鱼"，果然。

木贵说，它性急，你得把它折磨得没气力再提网。

第二次网到乌仔，隔着网，用膝盖把它死抵在长满藤壶牡蛎的石墙上。乌仔奋力挣扎一阵子后，慢慢消折了气力。这时候，提网出水，双手钳住它腮帮，装入鱼篓。

那是我网过的最大的鱼，两尺长、五六斤。天明看鱼，覆盖透明眼睑的眼睛、胸鳍的蓝斑、隐没在粗大鳞片间的纵线，越发分明。这乌仔还不算大，成熟的乌仔体长三尺，重十多斤。

三四岁的大乌仔，进入成熟期，虽然是河口鱼类，繁殖基因还是苏醒了对高温高盐海域的向往。

东北风吹掠台湾海峡，从长江口到闽南的成年乌仔，睁大蒙着一层脂质的圆眼，穿一袭画有暗色纵带的银灰鳞衣，一队队执拗地贴着中国大陆海岸，随一阵阵冷水团奔涌南下。它们在澎湖越过黑水沟，顶着自菲律宾北上的黑潮，逆游到春意融融的台湾地区南部嘉义至鹅銮鼻一线。

这种长途生殖旅行，总在十二月至翌年二月进行，故被称为"信鱼"。《台湾府志》说：冬至前捕的是正头乌，未产卵，肥而味美；冬至后捕的是回头乌，瘦而味劣。

捕乌仔成了南台湾的盛大渔事，历史上有一网捕获万尾的记录。

乌仔是老天爷恩赐南台湾渔民的财富。它不但安排诸多乌仔顺从亲潮南下，穿越凶险黑水沟到南台湾，还用心安排了天气。

它让东北季风带来的冬雨，只笼罩在北台湾，那里寒雨霏霏——"冬季到台北来看雨"成了名景。过了台中，却是晴天。白天艳阳朗照、空气干燥，夜间则低温，十分适合腌晒名贵的乌鱼卵。

这样巨大的机会，不会被以海为生的闽南人疏忽。宋元之前，闽南渔民越海追捕乌仔，在南台湾海岸搭棚加工，渔季结束后，满载返回大陆。

台湾学者胡兴华在《台湾的渔业》里说，大陆人民过台湾，其实是乌仔"牵成的"，拉出了闽台交流史的一股线头。我想，乌仔在中华民族发展史上的作用，应该被充分评价，如同地瓜玉米马铃薯辣椒等物种的传入，对中国社会发展进程的影响一样。

冬季南台湾海域征讨乌鱼的活动，明代起也成为政治权力的经济利益来源。

"海上马车夫"荷兰人占据台湾，对到台湾捕鱼者收10%的"什一税"。

郑成功收复台湾后，急需资金，也开渔税。网、罾、罟、链、绳、箔、沪、埕、养蛎等，都要收税。乌仔更有专税专营制度，每年只发放九十四支"乌鱼旗"，有了这面旗子，才能捕捞乌仔。

明郑政权发放乌仔收税令旗，客观上是第一面在中国海洋飘扬起来的资源保护旗帜。

乌仔数百年来被视为"乌金"。含金品位最高的是鱼卵。

渔民捕到乌仔，就将雄鱼出售，雌鱼则剖出卵带留下，再售鱼肉。

乌鱼卵至少从唐代起，就是皇家食品。唐代贡品记录："吴郡岁贡鲻鱼三十头……春子五升。"春子即乌鱼卵，一千多年前进贡的自然是腌干品。

腌制乌鱼卵的作坊里，工人将卵带放在盐水里泡浸，剥净漂清，压去水分，整成扁平形；再用麻绳扎好，挂起来晾干。最后分等，以各种样式的匣盒装盛。

乌鱼卵风味特殊，一百多年来是台湾地区重要的出口渔产。但是，半个世纪来的全球温暖化，乌鱼产卵地北移，加上捕鱼技术的进步，南台湾乌鱼锐减。二十世纪末，台湾科学家琢磨让它变性，养殖的乌仔，95%以上都是雌鱼，乌鱼卵产出率多了一倍。

腌制好的乌鱼卵，黄中透亮，色如琥珀。日本人看它状如扁平墨块，称为"唐墨"。食用时薄切成小片，架小火炉上慢烤。烤到吱吱发响，鼓起一粒粒的小泡，飘出咸腥异香，再贴上切得透明的薄蒜片，与上等清酒相佐，称为品味绝配。把它烘烤了，蘸以酱油，拌以姜葱，也是佐酒妙品，食之粘牙，异香留齿。

乌仔以淡海水相交处所产最好，闽南渔谚说，"十月乌，卡肥猪脚箍"——圆肥赛过猪脚，有人干脆称它肉棍子。

古人称它鲻鲗，意思是鲫鱼滋味里有它的血统遗传，是做鲙（生鱼片）上品。如今潮汕地区还保留了切鲻鱼为鲙的风习，拌了蘸料吃。

潮汕人还喜爱生炊乌仔。连鳞也不刮，整条蒸熟后，用保鲜纸包起放冰箱打冷，吃时用筷子扫鳞，蘸普宁豆酱，十分有味。

乌仔肉味道稍嫌平淡，需要他物赋味。厦门人用半煎煮逼出它的脂香，再借酱咸和豆香改造味道；或者浅浅炸过，再做糖醋、酸辣等菜式，都是得宜的策略。

形如石臼的乌鱼肫，乃乌鱼的幽门——消化食物的球形肌胃，俗称乌鱼扣，它与乌鱼卵、鱼白并称为乌仔三宝。

出生在南台湾也好，北台湾也罢，孵化出来的幼小乌鱼，生命的第一道艰难考验就是遵循父母来路，穿过黑水和海峡急流，游回大陆。

其实，乌仔里也有一些不敢横越海峡的，只在沿岸洄游。

闽南人说起过台湾、渡黑水之险，有"十去六死三留一回头"的慨叹。如今闽南人不必再穿越鲸波天浪，向死求生。但是至少要像渡海乌仔一样，敢搏生死，去完成历史担当。

小管

通常包含乌贼目枪乌贼科的数种：剑尖枪乌贼，学名 *Loligo edulis*，俗称剑端锁管；杜氏枪乌贼，俗名锁管，学名 *Loligo duvaucelii*；尤氏小枪乌贼，学名 *Loligo uyii*，俗名脆管；日本枪乌贼，学名 *Loligo japonica*，俗名笔管；火枪乌贼，学名 *Loligo beka*，俗名脆管、锁管仔；以及中国枪乌贼，学名 *Loligo chinensis*，即鱿鱼的未成年体。

夏天去东山，要是夜里不到海边吃现捕小管，等于白去。

我第一次在东山享受这种活色生香，是二十多年前的事。

东山是一个文化架构奇异的地方，古越族犷放的海洋性格、古代卫所的悍勇遗风，特别是对中国武神关帝的崇拜，融成了当地豪放古朴的民风。

东山诗友刘小龙和我们泡过茶，邀去海滩排档。一路聊东山的强悍民俗，譬如生食海鲜，譬如生孩子叫撬团仔……

到了排挡还未落座，诗人立即吩咐摊主：白焯小管仔。

摊主说，要等一下，竹排刚出去。

说着打手机联络。

海天黝黑，远远近近的渔火，星星点点灼穿夜幕。

近处竹排伸出探照灯，光晕里有人影晃动，想必就在照小管。竹排上的人大约见水下有形影闪动，霎地插下兜网。

不一会儿，有快艇靠岸了。提上来的水桶里，有鱼有虾。大虾眼发红光"噼噼啪啪"地跳，其他鱼跃猛子打滚。小管仔呢，斯斯文文挣扎着，"啾啾啾啾"叫唤得凄楚，蓝色幽光随声闪动。

有人要伸手去捉，我忙说不可。我在筼筜港用三脚罾赶夜潮，被它的鹰嘴喙狠狠蜇过，有剧痛教训。

厨师手快，几分钟，刚才还透明的小管，变成红斑点点、玉质莹亮的生烫鲜肴，热腾腾端上来。

三寸长短的小管，一只只并排，肚子圆滚滚。一口咬下，刷一声脆断，爽韧弹牙！

再嚼，腴美，致密，鲜甜！

桌上酱碟，是酸甜辣酱、蒜末酱油、姜丝辣椒酱油，就是这么简单的佐料，让你大快朵颐。

从大海到口腹的生猛鲜食之路，除了鱼排吃鱼，很少有比这更短的了。

又过几年，和家人去东山小住。金銮湾酒店外不远，就有海滩排档。我从来烦腻宾馆的样板菜，这么近就有排挡，三餐就都到那儿吃土菜。

早餐生，午餐就熟了，和摊主随意剥虾配海瓜子喝酒聊天。他说，我这里海鲜绝对一流，现讨现吃——他有一副山网，就在眼前的海湾牵罟。

话音未落，他跑出去了，边跑边打手机。一会儿回来，说，船出去了，下网了。

我问为什么突然下网。

他说，海鸟在飞。

海鸟，以及海豚、金枪鱼、鲨鱼等食物链上端鱼类的出现，是鱼群动向的指示。有经验的渔民，除了凭经验算汛期，凭借天气、风向、水色判断鱼汛，有时也会站到高处瞭望海上鱼情。大鱼群游来时，鱼头攒动，弄皱一片海水，甚至令海水发黑。而海鸟群翔，是最明了的追鱼信号。

我随他视线看，海鸟纷乱翔落，一条机帆船忽忽忽忽在海面绕行，一边簌簌簌簌放网。

我们依旧喝酒，剥蟹吃鱼。过了半个小时，嗨～嗬，嗨～嗬，喊声一阵近过一阵。

探身一看，两路人马从海滩两头，拖着牵绳合拢过来了。

拖网者，有戴笊笠的渔妇、老汉，也有游客。一声声齐整地吆喝着，三步退、一步进，极有节奏地倒行退走，把网从两边往中间拖拢。这是未经排练的劳动舞蹈，舞姿优美，气韵生动，"艺术起源于劳动"的主张者，可以直接录下来当佐证。

牵罟，也叫牵山网或拖山网。山，渔家话语里指陆岸，牵罟即在海湾横布贴地网，两端曳引收拢，拖上沙滩。这种古老的合作生产方式，主角常常是老弱妇孺，不过只要有空，谁都可以参加。

渔获分配，通常是扣去网主、船主的份额后，大人一份，小孩半份，孕妇两份。有些地方，网是村民公有的，除去照顾有特别贡献的，见者有份。可惜这种古朴民风，正随古老渔法日渐式微。

——有意思的是，地中海沿岸，目前也留存有拖山网作业。看来，在生产力发展的相同阶段，人类都会想到一块儿去吧。

眼看网底就要上岸了，摊主吩咐小二，去看看有什么好货。

小二提桶回来。桶里有水尖、梭子、柔鱼，小管最多。他要小二立马把小管炒来下酒。我说昨晚不是吃啦？留晚上吧。

"昨晚是白灼和油焗。晚上归晚上，晚上我请你吃烤的。"——东山人的豪爽啊！

一会儿，爆炒小管上来。衬着姜丝、青葱、蒜末、红辣椒丝，煞是好看，一桌人吃得爽歪歪。

小管状如柔鱼而小，生活在台湾海峡近岸的浅水区域一直到大陆架边缘，闽南海域到澎湖群岛是主要渔场，澎湖有个渔村盛产它，村名就叫小管。

小管像多数海洋生物，白天沉底，晚上浮升到表层来觅食。

它看来文文弱弱，扑食猎物乃至同类，毫不留情。刚捕捞上来的小管，穿过透明的腔壁，你可以看到成了消化物的小鱼小虾。

小管本名锁管，后来慢慢变成了现在的读音写法。清康熙年间的《诸罗县志》解释说："锁管，身圆直如锁管，首有小骨插入管中，如锁匙。"

锁管与鱿鱼看似相同，但是它的眼睛有透明眼膜覆盖；还有就是形体小，透明的内骨比较宽。

那次行程的后两天，是去看望亲戚。招待的海鲜里，依然少不了小管。

表弟沙茂林是做鱼货生意的，又给我普及了一番小管知识：

中国枪乌贼里，最大的叫牛𫚭，长过尺半，肉壁厚实，也称"尺管"，澎湖人叫它炮管；身长近尺的大鱿鱼，叫透抽；之后依次是大管、中管。半尺到两寸的，通常也叫小管。

真正的小管，是剑端锁管，学名剑尖枪乌贼。

被归入小管的，还有尤氏小枪乌贼，号称脆管，能长到十厘米。

杜氏枪乌贼也叫锁管，只能长到八公分；比它略小的火枪乌贼，则被叫作小管仔。

——也就是说，小管，实际上是五六种乌贼的统称。

闽南的正小管，有春、秋两个不同生殖群。春管在春暖时节由南北上，四五月到达闽南海域产卵。

品质最好的是盛夏的秋管，它在为八九月份的生殖做准备，嫩肚滚圆，雌管肚里都有"饭"——闽南人通称软体动物的卵团粒穗为饭，饱满糯香。

秋末，它们生育过了，成群结队东游或南下，去深海避寒。

赤笔仔

　　鲈形目笛鲷科鱼类，台湾海峡有十余种，闽南人通称赤笔仔。其中红鳍笛鲷 *lutjanus erythropterus*，俗名又称红曹；勒氏笛鲷 *lutjanus russelli*，俗名又称沙记；画眉笛鲷 *lutjanus vitta*，又名纵带笛鲷，俗名红鸡、赤海；五线笛鲷 *Lutjanus quinquelineatus*，俗名又称大尾赤鼻仔；约氏笛鲷 *lutjanus johnii*，俗名又称厚唇；等等。

　　我坐在老海边团林聪明家的客厅，听他侃鱼。从十几层楼高的落地窗看出去，眼底是变作咸水湖的筼筜港，远处是他曾经的战场鼓浪屿海域，礁石依稀可见。

　　说起钓赤笔仔，林聪明一脸自豪。

赤笔仔是夜行性鱼类，夜间分散外出觅食，白天群聚于礁石四周休息。

林聪明先到海滩挖钓饵海蜈蚣，碰巧有红带更好。红带如生橡胶一样极富弹性，"咻"的一声缩入地下，被扯住的片段都能拗弯伸缩，诱惑力很强。

备好饵，站上礁石，逆流甩钓，引诱赤笔仔过来。

夏天，群聚礁石下的赤笔仔，三四寸长了。它们存心显摆接力上钩的本事，你钓上一条，刚甩线出去，又来一条。

这种手钓，或连着鱼竿的一支钓，是海边囝的入门级渔法。但是它应付不了盛大游行的鱼群，渔人后来发明了手钓的联合体——延绳钓，把一条条钓绳串挂在一道总绳上。

延绳钓也按不同对象、不同季节调节放绳深度，比如带鱼，冬天肥实活泼，放浮延绳，春天它栖底产卵，放沉延绳。

"你放过筐子吗？"他问。

筐子，是最常见的延绳钓整理方法。总绳、支线顺序环绕竹皮扁篓匝缠，线头鱼钩勾在筐边草绳上，如精致花篮。

到了海上，把总绳一端以重物锚定水底，水面放上浮球，然后拉着总绳一路而去，陆续放下穿了饵的支线。最后把另一端头也固定水底，同样在水面放记号浮球。

林聪明说，早年秋天在鹭江放筐子钓赤笔仔，不时满筐满篓。

赤笔仔在南海很多，叫作红鱼，渔民以大规模延绳钓钓捕。

红鱼钓船有大小之分，小钓船仅容七八千斤，大钓船可容十万斤，最大者比闽南的钓艚还大，一艘母船能带二三十条小艇。渔民白天备饵，夜间放钓，多时一天能钓几百担上来。

北宋邵雍的《渔樵问答》，说钓具六要：竿也、纶也、浮也、

沉也、钩也、饵也。

中国人的钓鱼之术，在甲骨文时代就有图形记录。《列子·汤问》里说詹何钓鱼，"以独茧丝为纶，芒针为钩，荆篠为竿，剖粒为饵"，近似姜太公的钓法。

纶——钓线，早期的材料是苎麻，后来改为棉线，二十世纪六十年代才改成了化学纤维。植物纤维钓线易烂，须用薯榔、红树皮或荔枝木熬出的汁与猪血混合成染液，反复蒸染。沉子以下的钓线，怕颜色吓了鱼，用透明蛋清浸染。

鱼钩到商代已有用铜制的了，后来随渔业而进化。不同渔法、不同鱼类，用不同鱼钩，小如黄豆、大过手掌，有直的，有弯的。

不论哪种，为了防锈，都要镀过。我妻子小时候，在外婆家帮打鱼钩。把低碳钢条拉直，截段、切锋、打耳或者做眼，弯曲，然后加炭淬火，让钢性变硬，就是鱼钩了。

到了酸洗、镀锡，外婆声言这道工序只传男，女孩必须回避。

小女子禁不住好奇心，贴门缝偷看。只见炉锅锡水化开了，紫烟蒸腾，外婆将一小筐鱼钩倒入，扒一批到锅侧。待锡水湮尽，只把铲子猛力一扬，霎一声，百十枚鱼钩飞到对面墙上。坠下地来，锡水已经冷凝，一枚枚闪着亮寒死光。

百千枚这样的鱼钩，被绑上钓线，穿上饵食，延绵放到海里，去拦截诱惑那些不经世事的鱼们。

赤笔仔是老厦门常食鱼鲜，像石斑一样有诸多种：

暗桃红皮色中横贯褐带的奥氏笛鲷；体色艳黄、拉着四条蓝纹的四带笛鲷；体侧后上方有一个白斑的白斑笛鲷；形容古怪，颈背高耸，三条斑带分别从头额、鳃后以及背鳍向尾柄撇去，很像毕加索画风的千年笛鲷……

最常见的红曹，大名红鳍笛鲷。它形状近正纺锤形，通体赤红，鼻梁直挺，把眼睛逼到头部上缘，尾部有个鞍形黑斑。

赤笔仔肉近鲷科鱼的鲜美，但不重味腻人，煎煮焖炖都可以。

赤笔仔体色鲜红亮丽、肉质细嫩，深得东南亚华人喜爱，近年在台湾地区成了继石斑之后的养殖新宠。屏东一带，一亩鱼池能放养一万来条，饲料与产肉之比只要两倍多，几个月就可以应市。为了让它体色更红，养殖户除了选用虾头、小虾、南极磷虾等富含虾红素的饵料，也采用人工配合饲料。

这就是说，现今鱼摊上的赤笔仔，至少有十来种是工业化产品了。

粗鳞

中文名绿背龟鲹 *Chelon subviridis*，台湾地区俗
名豆仔鱼、豆籽；籽仔，中文名棱鲹 *Liza carinata*, 均
属辐鳍鱼纲鲻科鲹属。此外还有加剥仔，乌仔等鲻科
鲻属鱼类。

初夏上午，如果无聊得慌，又正好涨潮，早年，
筼筜港海边囝的可选节目之一，是诱捕豆仔鱼。

豆仔鱼的形状大小，如凤凰树籽，大不过寸。闽
南人家，旧时候饭桌上皆有一个竹编的桌罩，扣放剩
菜。桌罩眼目细如绿豆，用来捕豆子鱼最相宜。

算好潮水，把桌罩扣在头上，提上装着罐头盒子

的铁桶，出门了。

头一件事是捉招潮蟹。

那时候，箃笃港的高潮带泥滩，密密麻麻，满是大脚婆等各色招潮蟹在闲耍。人来了，它们慌慌乱乱躲进圆孔。只消快步跑过去，总有躲避不及的就擒。

潮水半满时候，我们已经准备就绪：大脚婆洗了、砸碎了，泡在罐头盒里；在后江埭堤外的乱石堆上选好地形，看好后退脚路，就等潮水上来。

潮水高起来了。那些从对面的海澄、白水营等村社载稻草过来、运粪便回去的三桅大船，张着被海风漂淡了的赭色布帆，或者芥末色箬叶已经晒成淡黄的竹帆，在箃笃港北岸崩坪尾转过角，缓缓驶来。

风何清清，水何澹澹，青绿海水飘闪粼粼波光，豆仔鱼鳞光倏然翻覆闪亮，一波一波游近。

把桌罩按入水里，外口倾斜，从罐头盒里含一口蟹水，做细雾状喷去，再含一口海水漱漱腥臭嘴巴，向更远处鱼群喷去。豆仔鱼成群奔来，争吞细微的蟹屑。水面满是鱼口，如骤雨溅起的密密水花。

腥味淡了，豆仔鱼扭头要走，此时迅疾把菜罩抬起，少者十数只，多则数十只，在桌罩里跳跃。

倒入小铁桶，从头再来。

日近正午，提半桶豆仔鱼回家。豆仔鱼细小，难去肠肚，吃来有些苦，通常是喂鸭，但是穷人家也吃。

讨海伙伴有时找个地儿开小灶。豆仔鱼用油爆过、盛起，炒过高丽菜，然后炒米，混入鱼菜。快火，继之慢火，焖豆仔鱼菜饭。

饭熟了，个个不甘落后，一碗一碗，吃得不亦乐乎。要是有厦门酸甜辣酱搅拌，那是天字第一号美食。

豆仔鱼是鲻科多种鱼的幼鱼，除了乌仔鱼苗鳞色发金，其他皮相相似，于是有人认为它们是一种鱼，从小到大排序为豆仔鱼、籽仔、加剥仔、粗鳞、乌仔。极重等级关系的日本人，称它们"升进鱼"，比喻从课长、股长、科长到部长的官阶爬升。他们甚至为它造了字，"鯐"，表示疾跑快升，读音是"惜吧惜力"，很有上气不接下气的音声形象。在中国人听来，倒像是提醒：悠着点，别拼到没了小命。

它们真不是一种鱼。鲻科六七十种鱼，中国的品种主要是鲻、骨鲻、鲅等五属，乌仔是鲻属，加剥仔是骨鲻属，而粗鳞、籽仔是鲅属，眼色橙红。

粗鳞的特点，当然是鳞粗——鳞行少、鳞列宽、鳞片粗大，胸鳍根也不像鲻属的有一点黑斑。

日本人要是听到粗鳞的俗名，一定很沮丧：一尺来长的堂堂粗鳞，竟被叫作豆仔鱼，好像只老不大，就如有人到退休了还是老干事，

粗鳞

CULIN

111

被同事叫小张小王。

如果吃完豆仔鱼饭还是无聊，后江埭埭内，另有一个节目等待我们——围粗鳞。

大部分鱼类，身体两侧生有一至数条侧线，鱼们通过两侧触觉、听觉比较，来判断环境。科学家曾认为鲻鱼没有侧线，一九七一年才发现它每一列纵鳞之间，有感觉丘排列。就是说，它们竟然有十数道的准侧线，感觉其实很灵敏呢。

粗鳞呢，也许因鳞片粗大，感觉丘发达，灵敏到有点神经质。

当高涨潮水从埭口高高的涵板缝隙迸射而入，最后越过涵板倾泻下来，水族都来凑热闹，在狂泄水帘和激流里蹦极穿越。粗鳞最激奋了，它们摇摆尾鳍，比赛跳高似的轮番上审，能冲到两三米，真像在拼升进，气力尽了，转头落水。

埭堤上，三桅帆船运来的稻草捆堆起城垣般的高垛，自有快手脚的孩子爬上去将它一捆一捆推下来，其他人将它们推进激流里。

粗鳞们，跳吧，跳吧。

冲高的粗鳞，有的落下扎进草捆，挣扎、跃动，跳回水里。但总有背运的，陷在草捆里抽搐抖动，被我们擒获。

人类最早是以海草做网围鱼，许多热带海域盛产海草的地方至今还有这样的渔俗，我们的恶作剧，不知不觉中实现了古法创新。

宋人所著的《京口录》里说："鲻鱼，头扁而骨软，惟喜食泥。色缁黑故名。"多数鲻科鱼共有的特征之一，是有一个强大的砂囊状的胃，即脐，相当于禽类的砂囊。鲻鱼把泥底的有机物、硅藻类和微小生物一类"油泥"囫囵吞入，以脐磨碎，通过长长的肠道消化吸收营养。

二十几厘米长的粗鳞，鱼脐大过五角硬币。若是大乌鱼，脐如土鸡蛋，古人形容说，"肫圆如小锭"。

母亲生前极喜欢吃鲻脐，说：一脐半尾鱼。粗鳞鱼脐没乌鱼脐那么大，同样结实鲜脆，苦味后会生出甘津之韵。

日本人把它用竹签串起，像冰糖葫芦似的，加盐或涂上酱油，生烤了来吃，更脆一些。

鲻鱼里，肉质最细腻的是籽仔，加剥仔次之，粗鳞再次之。粗鳞除了冬季产卵前肥满，一般时候肉质粗淡、略显枯干，但趁热吃还是酥香的。

粗
鳞

CULIN

海鲢

俗称格仔、海庵、海鲢，我国有两种，大眼海鲢学名 *Elops machnata*，闽南俗名烂槽，广东称烂肉鲅，辐鳍鱼纲海鲢科海鲢属；大海鲢学名 *Megalops cyprinoides*，辐鳍鱼纲大海鲢科。

那是六十多年前的事了。

后江埭漏埕，美仁宫尾头渔业大队渔民，用大竹箩套接大网泄出的鱼虾。入筐鱼虾蹦蹦跳跳，一条两尺长银鱼，落筐后奋力一跃，竟飞过围观孩子头顶，落到埭外乱石堆。

哥哥扑上去，抓住，放进布袋里撒腿就跑。

几分钟后，渔民阿同追到家里，说渔业大队讨要那条"格仔"，"三年困难时期"，一条大鱼多金贵呐。

布袋里掏出的那条海鲢，像鲈鱼一样闪射青霜寒光，身体比鲈鱼加倍修长，胸鳍、腹鳍与臀鳍均匀分布，背鳍和腹鳍上下对称，尖梢尾鳍剪刀一般长裂，形体十分漂亮，更有一身精致细鳞，英挺大气而冷峻俏丽。

可惜精致鳞片有些脱落，但嘴巴还能张合。

最近，和一群朋友去九龙江口的紫泥吃海蛏，那个地方也有个数百亩活水面供垂钓，我看起竿的多是海鲢，早年淡薄的记忆慢慢鲜明起来。

被称为"海钓女神"的厦门女子蔡黎翡，二十多年来乐钓不疲，一大半时间玩的是男人们才做的矶钓。背着重装备，在雪浪爆裂的峻峭岩礁上攀缘，寻找钓点。从南海到东南亚，从东海到欧洲，一竿一线走天涯，是国内海钓界巾帼英豪。

提起海鲢，她说那东西是海钓者鄙视而又敬重的鱼类。

她不久前才到马銮湾觅鱼，见小鱼一阵阵惊慌跃水，知道有大鱼追逐，于是停船挥竿。

不一会儿，即有蛮力扯钩，从凶猛力道，知道中钓的就是海鲢。

水底鱼类，嗅觉发达于视觉，靠追寻气味寻猎。海鲢属中上层鱼，靠视觉猎色而食，遂成为这些年流行的拟饵——"路亚"钓法的最佳对象。钓客以竿与轮的花样操作，让拟饵变换泳姿、光泽诱惑它。

海鲢们见到靓丽运动物体就张口，一入口就吞下。到知觉饵中有钩，一动就被线索扯痛，立时血气迸发，发飙挣扎。

招牌动作是甩尾高跃，鳃颊怒张，在空中频甩头颈，试图挣脱钩线，画一个弧圈落海，钓族管这叫"洗鳃"。

锋利的颊缘有时就割断钓线，海鲢落荒而去。

如果鱼钩勾住的是鱼鳃，猛甩后鱼体挣落了，却留下一副鲜血淋洒的鳃，像嘲笑对手的滴血红唇，在刺破海天的竿顶线端，飘飘荡荡，那情景堪比古人雪刃刎颈，壮烈得令人肃敬。

蔡黎翡说，那天就是这情形。

我和一帮钓友闲说海鲢的刚烈，陈医师说他钓过一条，将近四斤，上水后发现，五股钢丝在它洗鳃时被切断了四股。另一位说，中钩的海鲢，从钓船右舷跃出洗鳃，挣不脱，又潜下水，从左舷跃到了船上。

不过中国钓客们要是知道它的远房兄弟大西洋大海鲢，体长七尺，上钩会高蹦三丈，恐怕也会连连惊叹甩头，如同洗鳃。

海鲢是地球上最早的硬骨鱼类，鱼类分类学的硬骨鱼纲，把它和北梭鱼排在最前面。

它的另一特性是，幼鱼如鳗鲡，要经过变态阶段。

海鲢是暖水性近海鱼类，虽然能进入河口，本质上是远游鱼种。繁殖季节，成鱼把卵产在数十米深水中，借潮流冲到近海沿岸。

海鲢鱼卵孵化，与月相密切关联。从新月到蛾眉弯月的那些日子，柳叶状幼苗才能像芦鳗、日本鳗鲡一样，破卵穿出。

相同的孵化方式，表明峭拔爽朗的海鲢和弯溜粘腻的鳗鲡有密切亲缘——海鲢目和鳗鲡目以及北梭鱼目等四个目的鱼类，成鱼外形差异极大，在分类学上竟然同属起源于深海的海鲢总目！表象迥异的物事之间，竟有如此深远的内质关联，不能不令人感叹认识真相之难。

鳗鲡——日本鳗鲡、芦鳗等降河鳗鲡的幼体柳叶鳗，一边随海流漂荡渐渐长大，一边寻找河口。透明的海鲢柳叶鱼，追随日渐盈满的月亮，迁徙至河口，吃浮游生物、小鱼、昆虫长大。

海鲢等上层鱼类，为了躲避天敌，进化出了黑背银腹的"消灭色"：当捕食者从上向下窥视，青黑背色让它隐入深水的黑暗；当捕食者仰视搜寻，银白腹色又将它溶入明亮天光。

别的生物喜不喜欢吃它是一回事，人类是不喜欢的。海鲢是钓客的黑名单鱼类，它"皇帝嘴"——什么都享用，"乞丐身"——一身烂肉，在厦门绰号"烂糟"。

老厦门发落烂糟的方法，是把骨刺间的肉刮下，打鱼丸。要不就做咸鱼，借盐腌让肉刺容易分离。

不过另一种海鲢，也就是大海鲢，俗名"硬糟"者，大家承认滋味不错。大海鲢身量宽短，背鳍底部有一根俏长鳍丝。钓友老卡说，渔民给大海鲢另一种比喻——门闩。死了马上僵硬，像闽南古厝大门的门闩。

二〇一七年新年后，我与几位画家聚餐。正好海鲜档上有一条孤零零的海鲢，一斤来重，大有旧雨重逢之慨。

请店家用它做酱油水。

我们一边消遣其他菜肴，等待着它上桌。

用紫皮蒜煮过的这条海鲢，在长盘中气势依然挺拔。

大家动筷子之后，都闷不作声——先是忙着对付它类似海鳗的"Y"形鲠刺。之后呢，应该也和我一样，不敢开腔恭维它的肉质。它的肉，真的烂而渣朽，就如粗磨做出来的南瓜粿。

闽南谚语说，金苍蝇，臭腹内。

如果我们凭海鲢造型的俏丽、洗鳃之壮烈，以为它肉质一定美好，其实和它被光闪闪的拟饵蒙骗相差不多。

HAIZHE

　　我国食用的海蜇属生物主要有几种：海蜇，学名
Rhopilema esculenta，俗称海蛇、面蜇、碗蜇、水
母、石镜、蜡、樗、水母鲜和蒲鱼；黄斑海蜇，学
名 *Rhopilema hispidum*，均为栉水母门钵水母纲根口
水母科海蜇属水母，俗名还有红蜇、面蜇、鲊鱼、
白皮子。叶腕水母，学名 *Lobonema smithi*，俗称粉
鲜；拟叶腕水母，学名 *Lobonemoides gracilis*，均属
根口水母目叶腕水母科。口冠水母，学名 *Rhopilema
esculentum*，口冠水母科水母，俗称沙海蜇、沙蜇。
野村水母，学名 *Neopilema nomurai*，钵水母纲冠水
母科。

一只、两只、三只……

百只、千只、万只……

粉红的海蜇，越来越多，密密麻麻，最后竟铺满海面，弥望皆是，没有尽头。

它们小雨伞一样开合着前进，内脏几乎清楚可见，伞沿花边和伞下的璎珞，优雅地飘泛。我很担心船头会犁碎这些绿琉璃上的玲珑灯盏。船过了，回头看，它们被波浪推开了，又合拢来，依旧推推涌涌，向九龙江口飘去。

这是一九六八年暮春，我乘船去石码的航程海景。

有人以为海蜇与水母都是这类动物的统称。不是，海蜇只是数千种水母中，归入栉水母门庭的几种。

水母的造型挑战人类的想象力：形如浅盏，状若深瓯，或者如彗星拖一带乱絮飘行的；简洁收敛的，流苏镶边的，或者缨穗缤纷飘扬、绵长数尺的。如豆如斛如斗如席，水母之王狮鬃海蜇甚至长达三十多米，是这个星球最大的动物，比蓝鲸所拥有的空间还大。色彩瑰奇绚丽，如同打翻了调色板。

科学家认为，这种遍布地球海洋的怪物，没心没肺没鳃，口与肛门干脆同用一孔，是这个星球上接近所有动物起源的古老生物。换言之，中国先人给它的名字，水母，蒙对了，它很接近水生动物之母。

水母已经有神经系统，不过与后代动物不相同，因此要借人耳目做感觉器官。唐代刘恂《岭表录异》说："常有数十虾寄腹下，咂食其涎，浮汛水上，捕者或遇之，即欻然而没，乃是虾有所见耳。"

也就是说，它给小鱼虾们提供免费公寓甚至餐食，有情况，寓公们窜动，它立时排放浮囊里的氮氧氩，收缩下潜。这或许是闽南

藏在海洋里的小怪物

CANG ZAI HAIYANG LI DE XIAOGUAIWU

人以"蛇"唤它的理由？

　　其实，水母自己是有大局感官的：浮囊边每一个褶皱都有眼点；触手细柄上小球，有一小粒"听石"，在海洋风暴到来十五小时之前就能测知。

　　无奈它没有脊椎，只靠庞大浮囊伞盖似的边缘的伸缩，形成反向动力，或者调节体盘吃水面积来控制速度，更无法抗争强大的潮浪风暴，虽然能预知将来，却只能随波逐流。

　　最不幸的是蹭食蹭住者一旦发现情势不好，叛它而去，水母就落难于海滩了。

　　蛇可以用网捕，量少时候，渔民也用细竹竿迎潮巡插。蛇被细竹插中，不能下沉，渔人回头从容捞起。许多时候，它们也会被潮水冲上岸来。

幼年，我们把漂到岸边者捞起，一朵朵大如铁锅、脸盆，曝在烈日下。两三天，透明锅变作几张皱巴巴深褐色薄片，破塑料袋一般贴在地面。手柄残段像一节节管状气球，踩上去会发出爆炸声。再过几天，地上仅遗潮湿痕迹了——蛇的胶质皮囊里，98％以上是水分。

郭柏苍说，"福州呼蠢子为蛇，讥其无眼耳鼻舌，任人作为也"。其实蛇并非都是窝囊废，比如"火烧蛇"，就令游泳者闻名丧胆。火烧蛇带状触手上满是小豆般刺细胞，能射出毒刺丝。我们横渡厦鼓海峡，有个伙伴被它扫过胸膛，立现一道道猩红触痕，火烧火燎痛了三天三夜。而足长二十多米的僧帽水母，偶尔会出现在中国海域，被它触手碰过的，死亡率接近70％。

泛游黄海、渤海、东海的巨型水母野村海蜇，浮囊宽过成年人臂展，是世界上伞径最大的水母。我在大阪海游馆看到比牛还大，形状像庞大心脏的它在强力收缩浮升，不由惶恐会被吸入那血红腔体，虽然明知隔着厚厚玻璃。

这怪物幼小时如玻璃灯罩，透明圆柔。半年后直径就超过三尺。二十世纪冷战时期，它出现在日本海域，当局以为是鱼雷，紧张了一阵。二○○九年轮到日本渔民紧张了，它们漂浮入网，把渔网撑破不算，甚至拉翻了渔船。

日本渔民一气之下把它杀了，倒回大海，才知道犯了大错——水母是六亿多岁的老妖精啊，那些扔到海里的碎块即刻排出配子，迅速满海繁殖。

这是应激繁殖，水母这种怪物，大多数品种，生命周期里有两种繁殖方式：先是有性生殖水螅型个体，再由它做细胞无性分裂，像孙猴子吹毛似的爆炸繁殖。春风夏雨时节，新生小水母突然浮现，如满天星斗，白天浮泛水表，黑夜沉入深水，很快又是浩荡无边的麻烦。

中国人很早就采用胃袋，来处理这种麻烦。

当然，不是所有水母都能装入胃里的。中国海域四百多种水母里，只有栉水母门钵水母纲下几种水母无毒。中国南方海域主要是海蜇、黄斑海蜇、叶腕水母、拟叶腕水母，北方则是海蜇和口冠水母，它们都被古人附在蛇的名下，通称海蜇。

用来腌制海蜇皮的，是海蜇的伞部，以及腕部——腹下、口腕以及内脏，俗称海蜇头。

这些部位被分切开，用强力脱水剂明矾与一定比例的盐混合，借腌渍加快脱水，再榨去水分，如此三次，俗称"三矾"。毒素随矾盐水排尽了，剩下一两成强韧胶质物，就是海蜇皮、海蜇头。而腹中那些"形如败芝而渣滓者"，被收集起来压制成海蜇血。如今海蜇血加工成的半干品，一斤竟然要八百多元。

不同品类海蜇和不同加工方法，形成不同风味。北蜇产于天津北塘，色白个小，比较脆嫩；东蜇产于山东烟台，又有沙蜇、棉蜇之分。

蛇的腌制品，在闽南依旧叫作蛇。过去，母亲偶尔会买一挂海蜇头或一两片海蜇皮，洗净沙，泡过凉开水，切做挂面般宽，滴几滴香油，与永春黑醋、蒜末同拌。那才是真的"打牙祭"，让牙和齿享受专属它们的质感。不过大脑中枢会借"喀喀"脆爽声，引发关联记忆和想象，形成虚拟的美味快感。

蛇凉拌黄瓜、大蒜，被称为"盛夏凉拌皇后"，它与洋葱、马蹄之类配伍，也都有消暑开胃的效果。

但是，蛇在"三矾"过程里残留了铝，吃多了容易患老年痴呆。

水母对环境依存度很高，学者们说，水温盐度酸度、洋流变化、食物与天敌等综合因素达到一定阈值，隐没的水母即启动某种神秘密码，信息发出，蛰伏的水螅一齐启动分裂，转变为成年水母，很短时间里天量爆发无数后代，耗尽营养后又骤然消失。

黄海、渤海盛出过海蜇，海蜇们如粘胶糊满网目，容易爆网，也让海水变臭生辣，毒害水族。渔民无奈，只能齐集跪磕，向海神递状子"告海蜇"。辽东湾最隆重的一次告海蜇仪式在光绪二年（1876）举行，据说那一年海蜇之多百年罕见，连海水都变了色，海风都有浓郁的海蜇味道。

如今我们遭受的是另一种惩罚，海蜇几乎没有了。二十世纪八十年代以来，有关方面年年在黄渤海放流，数量以千万计，依然形不成鱼汛。

一直到八十年代中叶，海蜇皮都是福建位居第一的出口商品，一九六〇年闽南海蜇皮产量曾达近一千吨，而一九七七年以后，闽南渔场再也不见发汛了。

作为反衬的是，这些年海蜇在日本大量繁生，把发电站的冷却水进出口都堵死了，电厂因此停工。

爱它的，它不来，恨它的，它不走，存心做对呢。

福建东山曾经盛出海蜇和海柳。二十年前，亲戚送我一株主干两寸宽、一尺来高的海柳，枝干茂盛宛如绿荫匝地的古榕，说它至少得有一百岁。我上网一查，大为诧异：原来它不是植物，它和海蜇、珊瑚同宗，都是腔肠动物！

沙虫

中文名方格星虫、裸体方格星虫，学名 *Sipunculus nudus*，星虫门方格星虫纲方格星虫科动物。俗名还有海肠子、星虫、海地龙。

现在算来，是五十多年前的事情了。

十几岁那阵子，从初夏到仲秋，我经常用三脚罾在笕笃港捕鱼。清晨赶早潮，晚上就戴着矿灯夜渔。

三脚罾，是用一对丈把长的篙竹加一根三尺左右的横担撑开的三角网，我们用它守候乘潮而来的表层海族。

夜渔，在黑暗天幕笼盖四野的幽深里，孤独一人伴一盏灯，比白天举罾更神秘刺激。上网的小管，"吱吱吱"叫唤，通身晶莹，闪烁着各色荧光；大明虾眼赤如珠，脑壳青莹莹，泼刺刺蹦跶不停；蚂仔在网底艰难爬行，鲻鱼们只跳了几跳，就不再挣扎了……

有个晚上，起罾后，看到有几条软趴趴的东西，指头粗细，香烟长短，通体柔和荧光，在网兜里伸缩扭动。

月圆夜，夜光明亮，经验告知视力，那几条东西是肉色的，口径如手指粗的沙虫。

沙虫是我们在低潮线多沙地段，偶尔也能挖到的东西。它们不都是钻洞里吗，怎么会游出来呢？

用长柄抄网捞过来，果然是呢。

如今查看资料，才知道它与名字很相近的沙蚕——海蜈蚣一样，繁殖季节，会游到海面上来。

网上有些介绍，把沙虫与沙蚕、土笋相混淆了。

沙蚕是海蜈蚣，一身扁圆，蜿蜒爬行，肉足颤动，五光十色。

土笋靠一副革囊——皮质睡袋在泥穴里闲适栖居。

沙虫体格比土笋大数倍，能长到一拃。它在沙洞定居，身体能大幅度拉伸，伸缩吸沙，滤食其中的藻类和有机碎屑。躯干圆条赤裸，肌纹交织成方格，辉耀肉色的荧光。它形体和活动模样都像大型蚯蚓，福州称它海地龙，形神兼肖。

山东以南的中国沿海，均有沙虫生长，而以福建到南海为多，尤其北部湾广西沿岸和粤西沿海出产的，个大肉厚、品质上乘。

闽南各地沙滩也产沙虫。退潮后，挖沙虫者找到孔眼，海锄头一挖，洞里若有沙虫，会即刻下潜，溅出水来，必须紧跟挖下，否则它立时缩到一两尺深的沙底。

头戴尖峭竹笠的渔妇持轻巧海锄头，一潮水能挖几斤，她们把挖来的沙虫倒入竹箕，挑到露水未干的早市、暮霭初起的晚集。

家里有孩子发烧要退热，有老公熬夜须清肝火，或者只为清鲜美味的主妇，蹲下来翻拨一身湿沙的沙虫，挑个大活泼的买回去，剪开，洗净沙囊，煮萝卜丝，煮姜丝。餐馆是另一种专业杀法，用筷子粗细的竹针从一头插入，把它腔肠整个翻过来，捋掉所有内脏，再倒拉回来。

海南有一种吃法更生猛，像日本人一样，蘸酱油生吃，也许是南岛语族的遗俗。

我一辈子都在追逐那些只需简单加工的天然美味：野生虾蟹，土猪、土鸭、土鸡、土鸡蛋，高海拔山区用农家肥种的高丽菜、打过霜的芥菜，惊蛰时出土的黄泥地鹰嘴春笋……它们最能以本真质味，陶醉由它们千万年调教出来的中国味蕾。

我称它们"天厨菜肴"，不像鱼翅、海参之类，只贡献质感，或者只贡献味道，煮食程序又极其繁复。

秋天，漳浦朋友说，漳浦六鳌半岛东边的霞美、董门一带，盛产沙虫，夏天尤其肥美。另外呢还有一种地瓜，谑称"噎死老伙子"（噎死老头子）。我一听来了精神：那不是我找了二十多年的"鸡爪松"吗？

鸡爪松那种地瓜，茎根细小延长，但有藕状节段，只需蒸熟，酥甜香面，胜过上等板栗，而且无须逐个剥开。

二十多年前它消失了，让我四处追寻，说"上穷碧落下黄泉"太过夸张，"众里寻他千百度"却不为过。

遂驱车百余公里到六鳌，结果还是失望。农民说，好几年不种了。

沙虫

SHACHONG

不过，他们说，现在改种的新品种大叶红也很香甜。

我们央求路边一家餐厅，用大叶红地瓜帮我们煮一锅粥，烧个杂鱼酱油水，炒一盘沙虫。

菜上来了。店家小弟特意说明，这沙虫是用上好的达仔醓汁炒的哦！怕我不信，捧出了大罐，一闻，异香扑鼻，不由眼睛放亮。小弟见状，倒出一小瓶来送我。

不久，我带着那瓶蘸汁——也就是鱼露到海鲜餐厅，要了半斤沙虫。店家问我可是要做刺身？

我说清氽。氽过的汤汁，煮萝卜丝。

剪开的沙虫，颜色有些灰白，在沸汤烫过，蘸以褐黄的蘸汁。品几条，喝一口萝卜丝清醒一下味蕾。

是什么感觉？

不说破，你去试试。我只告诉你，沙虫雅号"天然味精"。

沙龙

中文学名线纹鳗鲶，又名鳗尾鲶，学名 *Plotosus lineatus*，俗名还有坑鳅、海塘虱、城门等。辐鳍鱼纲鲶形目鳗鲶科鳗鲶属。

闽南渔村，说起沙龙（音萌），无人不知，此乃东海第三毒鱼。

它在厦门话里读音如沙獴，龙海话读音是沙毛，各地随性写作沙门、城门、射毛之类的谐音。

我觉得写作沙龙最合适。龙字，古代通龙，状写它蜿蜒的身姿。尤其它的背鳍一气连到尾鳍，也像画中的龙脊。

龙字也用来描述蓬乱样子的，如"孤裘龙龙"，正好比喻它嘴边那丛发乱张的髭须。

龙字古代还通庞字，也可以描摹它们受惊恐时抱团成球的形态。

沙龙在闽南的俗称，叫海涂虱，讲明了它和胡子鲶的从兄弟关系。它们都长身溜滑，嘴边都有四对须，头平扁而腹圆长，后半部变成侧扁。西方人却重视这尾巴，给它起名为鳗尾。

沙龙比起灰不溜秋的涂虱或者鳗仔，靓丽多了。幼时，除了腹部，全身棕色，而两道明黄鲜艳纵带，自嘴边起，顺体轴向渐薄的尾巴延展，因此得名线纹鳗鲶。

二十世纪六十年代，三年困难时期，政府发动各行各业大办农业。父亲所在行业，跨海到海沧钟山村办畜牧场，老爹被派到那边驻点。

我和哥哥暑假去小住。临午，父亲说，去抓鱼吧。

过了矮小土屋前面的滚水坝，溪畔就是一垄垄梯田，晚稻刚插了秧，禾苗青青。田水自高处逐丘串流，每丘都冲出个水洼。

父亲带我们携着畚箕、小铁桶，到各水洼逡巡。把畚箕插入水坑，用手拨拉几下，抬起来，经常有泥鳅、黑鲫子、白鲫子、涂虱、黄鳝、田螺之类。也会拨拉上水蛇，吓得把整畚箕东西扬掉。

第二次我们自己去了。抓回的鱼，涂虱依例剖肚，煮豆油水，下些辣椒丝煞泥味。白鲫黑鲫煎过了再炖，熬到汤发白，很香甜呢。

吃不完的鱼，穿起来，挂屋檐下晒干，好带回家。

抓鱼是每天的快乐节目。我在田埂路边一处贯通两田的水涵口，老是抓到涂虱。水涵口上盖着一块石板。

石板下会有什么秘密吗？

翻抬起来，哇，窄窄水涵中部，竟是一个圆窝，三四十条涂虱，一见阳光，挤挤挨挨躁动翻腾，一片光滑脊背、纷乱须毛。

挑肥路过的农民说，哎呀，你们挖到了"涂虱瓮"啦！

用手抓会被刺伤。到溪边拗下一支乌桕树枝，连枝带叶当扫帚，把它们扒拉到畚箕，一倒，快一小桶呐。

那年月，拦一段溪沟，围一个水窟，把水排干，总有涂虱、泥鳅、鲫鱼、鳝鱼，在洼底惶乱扭窜，田螺则相吸堆积，泥底下呢，还能挖出大如手掌的河蚌。

半个月吃怕了滑溜溜的涂虱，回厦门见到沙龙，都有点反胃。

沙龙遍布闽南海域，我家前面环岛路书法家广场西侧，有一片海礁，其中一对大礁石，俗称爻信石。据说原先是一整块巨石，后来被雷电劈成两片，如闽南人求神问卦时卜出的一双朝天的爻象，俗称"笑杯"。

曾厝垵老海钓知道那石头下，常常可以钓到沙龙。

成年沙龙像涂虱一样喜欢群居在礁穴、河口和开放性海域，到了夜间才出来，像红娘子一样以下颚的胡须触探海底，寻找食物。

幼鱼精力充沛，像贪玩的孩子们，不分日夜乱麻似的穿游。但是，一团幼鱼会突然把头聚在中心，喊口号似的一起吐出黏液，然后以黏液团为核心，密集聚合成团，滚雪球似的移动，称"鲶球"。科学家说，它们是通过费洛蒙黏液传递嗅觉信息，协调群体生理和行为。

这样的抱团，只整合队伍、互打鸡血，无法御敌。它们在第一背鳍和胸鳍上长出三根锯齿状毒棘，垂钓者钓上它们，必须用心对付。挣扎滚跳的沙龙一身黏液，溜滑难抓，不小心就会被刺伤。

几年前我想温习钓沙龙的乐趣，去了两趟爻信石。站在春风驹荡的岩头上享受了半天闲适，没能诱到匿在岩下的它们，只钓得几条满世界都有的臭肚。

沙龙肉味清净，烹饪得法，相当好吃。最好的佐材，是风味古朴的破布籽。

破布籽是紫草科破布木属下的一种树，在中国东南丘陵脊地狂乱生长。春末，蓬蓬勃勃的聚伞花序密生于桠杈和细枝端头，在晴空下迸发淡紫或黄白的繁荣。

入夏后，一粒粒果实缀满大干小枝，渐渐由青绿转黄橙，沉醉着饱满的喜悦。

虽然个性如此突出，也只是普通野树。十几年前，我在漳浦一座寺庙吃斋饭，被它的古朴滋味迷住了。树籽如豌豆大小，中间有粗大果核，可食的只有那层果皮，腌熟了韵致却十分素朴甘厚。就着它下米饭，仿佛回到古早村野生活。

采集破布籽很麻烦。先把枝干甚至整棵树齐腰砍下，再剪下附生于枝干的果穗。从果穗上摘果粒，果柄会流出黏性极强的乳白胶液，这乳汁乃它的甘美之源。人们将果穗浸于水中，剪果粒时乳汁遇水就凝结不流。

果粒洗净了入锅熬煮，不断搅动，一边拌入盐，直至果皮破裂。

煮熟的破布籽倒入容器，就可以密封保存。

吃的时候若用生抽腌渍一下，多了一份酱香，如果要丰富滋味，可以加入九层塔或其他调味料。

辞别时，主持送了一罐腌破布籽。她指着大殿外那一大片枝条密布而枝干舒朗的林子说，每年庙中就靠它们供奉。

后来在市场看到新鲜沙龙，于是买来煮破布籽，再加一点芹珠，滋味不同凡响。破布籽的古朴甘甜，沙龙的清鲜嫩美，相得益彰。

春分前，约几位朋友到沙坡尾排档吃鱼。大学路口鱼市，正好有几条鲜活沙龙。沙龙食旬在春末夏初，虽然未到肥满之际，看它那么活泼灵动，条斑靓丽，禁不住引诱，买下来，连同一个六斤重的赤嘴鲅鱼头，交店家代煮。

这家排档，就在我外祖父旧居隔壁。不由想起早年到这里钓鱼的情景。当时沙坡尾水质还好，有梭子、臭肚，偶尔也有爱干净的沙龙。

用酱油水煮了的沙龙端上来，味道还是清正、细滑，软嫩的鱼肉、松脆的鱼头中，透出幽幽油香来。

一边喝酒，一边议论沙龙，我说起涂虬瓮故事。

突然停箸半空。

物味无异，当时在外公老屋后门外钓鱼的情景宛然目前，而人生一个甲子就这么过去了。

沙龙

SHAMENG

水针

　　水针包括多个种，分属颌针鱼目的鱵属、下鱵属、柱颌针鱼属：鱵属的斑鱵 *Hemirhamphus far*，无斑鱵 *Hemirhamphus lutkei*；下鱵属的简氏下鱵鱼 *Hyporhamphus gernaerti*，瓜氏下鱵鱼 *Hyporhamphus quoyi*；柱颌针鱼属的尖嘴柱颌针鱼 Strongylura *anastomella*，*Strongylura stron-gylura*。它们的俗名泛称水尖、针、刺针、针鱼、贯尖、无唇、姜公鱼、针扎鱼等。

　　被称作水针的还有比较大型的鳄形圆颌针鱼 *Tylosurus crocodilus*，俗名青旗、学仔；黑背圆颌针鱼 *Tylosurus acus melanotus*，俗名青旗、青痣，均为颌针鱼目颌针鱼属。

水针如古人说的，"首戴针芒"，上颌骨突出成三角形尖嘴，下颌更向前伸长出针头状的长喙，身体圆棱而长，就像一支注射器，闽南人唤它水针。

童年在笕笃港、鼓浪屿港仔后游泳，还真被它"注射"过，幸好是初夏，小水针的针管刚长出来，尖尖细细，不太痛。

平潮时候，海面微波荡漾，水针结队，苍绿背脊，银白身条，在湛碧海水里交错闪亮，尾鳍迅速扫动，在粼粼水面拉出一道道线纹，闽南渔人看它轻捷穿梭，戏称为"补网师"。

它们胆小机警，声音稍大就受吓，顾不得补网，"卜卜"飙出水面数米，扬尾游去——它与飞鱼是未出五服的兄弟呢。

短水针有两种：一种身体方而短肥，针尖有一点红色，体侧有数点大型淡黑褐色横斑，大号叫斑鱵；另一种了无斑点，叫无斑鱵。

麻衣相法讲究什么嘴型吃什么饭，所有的嘴巴当然朝最方便吞摄食物的方向演进。

短水针的喙，让人怀疑它是逆进化：上喙极短，下喙像一把刺刀往前刺去。这种超级地包天的口器，不易夹食，除非有不长眼的碰上来，否则它只能撬漂漾的藻类果腹，古人笑话它，起名"无唇"。

另一类水针，柱颌针鱼，长的才是夹子一般对称的喙。它追逐小鱼，甚至能腾跃水面，用尖喙夹住猎物，再逐渐移动到与口顺直，慢慢吞下，古人叫它双针、鹤鱼。早年暑假，我们常打交道的就是它。

水针在夏天繁殖。当秋风把赭色船帆拍打得"噗噗"作响，海水变得澄清而有些凉意的时候，新水针们也长过铅笔了，可以钓上来做菜。

可是它们嘴巴太小，最小号鱼钩都吃不进去。

135

孩子们找来电话线，拆分出那七八股细细铜芯，拉直、磨尖、扭弯、截断，做成一门门小钩。水尖一旦吞饵，直下肚子，鱼钩不打倒刺也不会脱。没电话线芯，把穿作业的大头针烤红，折弯，也能将就。

几门鱼钩，绑上鱼线，缀上浮子沉子，捆在线板上。一堆线板放入提桶，带上饵，就去钓水针。

在海岸找个突出地方，放下提桶，鱼钩穿了饵，随一块块线板甩出去，再把联系线板的细绳绑定在岸边石块。

一群海边团悠闲抱着粗黑双臂，看线板漂浮。

夏天，水针随潮水进退，大潮最多，中潮次之。满潮前一小时，是水针活动高峰，鱼群报到来啦，一海面都是疯狂索食的它们。

线板急促浮沉，是水针上钩在挣扎。线板打旋急转，说明几个钩都上鱼了，海边团露出坏笑，把绳子拉上来。

一条绳拉上来就是一串。解鱼、换饵，一块线板刚甩出去，别的线板又狂猛乱转，老手也会应接不暇呢。运气好，一潮水能钓个几十、百来条。

各自提桶回家，和母亲说，今晚有得吃了。

东海还有一类俗称大水针的，学者称它们横带圆颌针鱼、鳄形圆颌针鱼，体量都是水针的数十倍，它们是大洋性鱼类，偶尔到岛屿周边巡游，渔民分别称它们为青旗和青锯。

青旗身体扁圆而细长，像加厚的皮带。体背中间蓝黑，向下慢慢翠绿，腹侧银白，饰有数道蓝黑横带，从后部上下鳍到尾柄，有数个黑点，青旗因此也叫作青痣。

青锯和它相似，只是喙更尖长，身材比较浑圆。除了背上的青翠，通身银白。

　　它们体型奇特，漫长身体全赖遥远尾部那个新月形的尾巴驱动，就是作为舵的背鳍、臀鳍，也长在屁股眼后面。这样一来，身体前端四分之三的躯干，可以如蛇体自由蜿蜒，像漫长的旗帜在海洋里曲折飘展。

　　它们的喙粗大尖长，有体长的七八分之一。遇到敌害，它能从水表跃起，有渔民被它直插入腹过。

　　它们和小水针一样，长着怪异绿骨头，青荧荧绿森森的，好像富含氰化物，看了让人发瘆，其实那是胆绿素，无毒。水针所属的颌针鱼目：颌针鱼科、鱵科、飞鱼科，甚至以秋刀鱼著名的竹鱼科等，最显著特点就是绿骨，吓退了许多人。

　　一对长居日本的朋友来厦门讲学，见面吃饭老朋友不拘礼节，只吃白粥。我应命点菜，看到排档上只有无唇水针、金线鱼，各点一盘。吩咐水针按厦门老谱，煮菜脯。菜上来，发现水针肚里黑膜没有清理干净，有些不高兴。朋友太太打圆场说，日本人更简单，连内脏也不去，吃起来苦苦的，另有滋味。

无唇水针在日本是做生鱼片的高级食材，鳞皮和腔内黑膜尽去，只留两片带银皮的半透明体肉，挑净细刺，斜切成丝，蘸山葵末、酱油，或者柠檬汁、酱油、姜末。

嫩小的水针是日本春天最美丽的寿司食材，肉半透明，口味清淡、肉质细致，最能查考出食客味蕾的敏锐指数。

怕腥，可以用铁线、竹签穿过，抹了盐去烤，烤至筷子能刺穿鱼体。如果用电烤炉，记得打开炉门放水分，才有干香。用它下清酒、下白酒，清简对味。

台湾料理达人郭宗坤总结说，短水针生食，肉有柚子香；烤时皮有咸饼干味。老厦门也有将它裹粉来油炸的，味道也好。

李时珍《本草纲目》说，水针笔直的喙，即姜太公用的直钩所变。

这八十岁的姜尚老谋深算，故意用怪异钓术，诱西伯侯姬昌，果然钓上了。

水针看来是有魔力的鱼，我和发小忆旧，说我们当年其实也被它钓了。那种不为考试和补习所压迫，在课堂与大自然课堂里艰苦而有乐趣地狂野成长，真是快乐，是真快乐。

感谢你啦，水针！

鳎沙

　　鲽形目鳎亚目鳎科和舌鳎科的鱼类有很多种，俗名龙舌、牛舌、狗舌、鞋底鱼、鳎目鱼、鳎米、鲽沙、箬鱼、鳎目、龙利、鳎板等。斑纹条鳎，学名 *Zebrias zebrinus*，鳎科条鳎属，俗称牛舌；三线舌鳎，学名 *Cynoglossus trigrammus*，舌鳎科舌鳎属，亦名三线龙舌鱼，俗名淡水贴沙。

　　西方传说，先知摩西为了让以色列人逃脱埃及人的追赶，瞬间把红海海水分开，恰巧身处其间的小鱼，一下子被分为两半，变成了半边鱼。

　　半边鱼是一个大类，眼睛都长在一边，老祖宗雅称它比目鱼。比目鱼包容了鲆鱼、鲽鱼、鳒鱼和舌鳎等多种形态差异很大的鱼，其中没有一柄尾巴的舌鳎，被闽南人叫鳎沙。

鳎沙里最常见的一类，是身体向尾部慢慢收尖，形如箬叶，通名龙舌、牛舌。

另一类鳎沙，除了头部，宽宽的背鳍、腹鳍、胸鳍、臀鳍、尾鳍相连成带，环身镶饰花边不算，体面上还有绚烂横纹或是俏丽斑点，通名条鳎。

比目鱼幼体，其实和其他鱼一般模样。身长超过一厘米之后，潜下海底生活，眼睛才渐渐向一面欺去，中脊骨被吸收了，身体构造随之变化，最终"侧瘫"。

人类也常有比目鱼一样的际遇。世间的挫折打击，对一些人是成就伟大人格的锤锻，对一些人却是扭曲良知的挤压。很多人小时候性也善，在压力之下慢慢变作只朝上看的势利眼，出口讲的也是歪话。

《海错百一录》里郭柏苍前辈也有独立见解。他说渔人在海里抓到它时，总是独行，"乃受气之偏，非不比不行也"。是压力把它压塌了，负气出走。

实际上，它平时潜身沙中，窥视环境，一旦有猎物游过，就跃起用歪嘴咬住。饱食之余，贴沙泥姗姗而游。

古人贱视鳎沙，《海错百一录》比目鱼条下，郭柏苍说："闽呼泥鞋鱼，广名鞋底鱼。"

我第一次在海里捉到鳎沙，恰恰就是不歪不斜踩到"鞋底"，感觉到脚下是一片有弹性、有粗糙鳞片的东西，于是不可思议地挖出一条。那是五十多年前，后江埭"漏大埕"的时候，没想到水干时它会钻入泥沙底下。

鳎沙细分，种类很多，身材从肥短到修长，颜色从土黄、红紫、灰黑到紫黑，体被从细鳞、粗鳞到斑斓纹饰，多种多样。

无论环肥燕瘦还是魏紫姚黄，它通身都只有一排酥骨，肉质不油不枯、不松不紧，几乎没有腥味。香煎了蘸酱油，味道就很赞，干煎、酱焖、糟腌以至切丁杂拌各种烹饪，它也在所不辞。

料理鳎沙要注意的是，它的表皮薄，含胶质多，容易粘锅。一位厨师朋友教一招：煎前先去皮，然后用蛋清挂皮。

诸多厦门鳎沙料理中，我最难忘的是用它煮咸菜。

厦门的咸菜颇有地方个性。潮汕地区的咸菜用的是半球形的肥矮芥菜，漳州用的是高可达三尺、重过十斤的大芥菜，幼年我家邻居"咸菜福仔"用的是介乎两者之间、长近其半的小型芥菜。每年

冬春，他家那几个一人多高的大木桶边的空地上，三两天就晒一批，满地青黄。待得晒蔫了，一层层压入六尺径口的大木桶，踩实，灌入海水。过几天换到另一个大桶里一层一层用盐腌。十天半个月，那咸菜经过乳酸菌、各种菌类和酶的内外作用，橙黄得有些透明了。用这样爽脆酸香的咸菜来煮鳎沙，一大碗端上桌，只那气味，就把馋虫给勾出来了。

我在日本，买到三四寸宽的鳎沙——应该是龙利鱼鱼段，用黄油煎，放水，加西红柿、芦笋，滋味很好。当时想，如果再有一点咸菜或者酸笋、朝天椒入煮，一定棒极了。前些天在市场看到粗大的鳎沙了，想到了"妈妈的味道"，但是断念了，我知道厦门已经找不到那么诱人的传统咸菜了。

生长在海淡水相交处的鳎沙品质最好，郭柏苍在《海错百一录》里说："鞋底鱼以江中者为美。"如今福州人称它玉秃，想来是皮表光滑而头部凸圆。老福州人所说的"鳎沙"，指的就是这一类。他们称纯海水产者为比目鱼。前者可以登上酒宴，而后者是家常菜。

中国河口还有一种鳎沙，身呈褐红色，背上有三条侧线，大名三线舌鳎。在长江以南，它们能深入江河生活，闽南海边人呼之为"淡水鳎沙"，最大的只比手掌略长，肉嫩，刺少，味鲜美。浅煎之后，口感爽滑，味极鲜美。

闽南人将它与姜丝、酱油一起隔水蒸，挑肉喂养刚断奶的婴孩，骨细肉滑，淡香扑鼻。珠江三角洲一带也有同样食俗。

石码来人，我拿图鉴请他们识别。背上有三条侧线的舌鳎其实有很多种，三线舌鳎明显的是，第三条侧线与下颌顺溜地连接，一直延长到尾巴，好像是鱼体的腹线。鳃盖和身上，散落着若干黑斑。

他们说，这种鱼，二三十年前就绝了。后来有业内人说，你不必太失望，这类名贵的舌鳎，广盐广温抗病，如今已经是最具潜力的工厂化养殖品种，一斤要近二百元。

我和几个老海边人寒天聚饮，说起鳎沙，展示自己品过的鳎沙菜肴，不免争论起来，最后发现口水仗的燃爆点，是每人说的"鳎沙"各不相同。

比如我说的鳎沙，其实是学名大鳞舌鳎的龙利；一位朋友说的是一身斑斓横纹的龙舌和牛舌，学名条鳎和角鳎；还有一位说的是猫舌，学名箬鳎。

大家呵呵，笑说，下次啊，带一本图鉴，按图说鱼。

闽南鱼谚说，"十二月鳎沙贴上壁"，意思是冬天它瘦极了，那就相约来年春天吧。

鳎　沙

TASHA

籽仔

籽仔，中文名棱鲛 *Liza carinata*，俗名棱鲻、钱头仔、尖头、只仔、只鱼、子鱼、子仔鱼、鲆鱼；粗鳞，中文名绿背龟鲛 *Chelon subviridis*，均属辐鳍鱼纲鲻科鲛属。加剥仔，学名前鳞骨鲛 *Osteomugil ophuyseni* 或前鳞鲛，俗名还有青蚬仔等。乌仔，中文名鲻 *Mugil cephalus*，鲻形目鲻科鲻属。

十七岁，已经是壮实后生家一个，赤手讨小海有些跌份。有的伙伴打"阵地战"，在岸边拉四脚罾。父亲掏十八块钱买一副三脚罾，让我去打"伏击战"。

一身短打，一副颤悠悠的罾竿后梢挂一个鱼桶，扛肩头在海边行走，拉风气派，不下现在小帅哥开凯迪拉克。

三脚罾也叫长篙罾、手罾，两根一丈来长的竹竿，中间以一根横竿撑开，扩开成了三角形的网，扇面积有六七平方米。渔人依气候、潮流、水温，选择不同地形，在齐腰至齐胸深的水域，守候乘潮上来的鱼虾。

夏天，尤其是早晚潮日子，滩涂被正午太阳晒得极热，蒸腾起飘光和水汽。

浑浊潮水推着一波一波白沫漫上来，鲻鱼们焦急地追随潮水，抢先来摄食滩涂上因日照而繁茂的硅藻。

鱼儿们来了，鱼尾搅动水面，泛起小小涡旋，俗话叫作打鱼花。鱼花旋入之际，左臂下压，右臂猛提，三五条、十来条籽仔在网里蹦跳。左手探出兜杆，把它们兜进小抄网，收回抄网，捉鱼入桶，听它们在桶里蹦跶。

试水三四次，有一天捕了六七斤籽仔鱼，母亲喜得合不拢嘴，吃不完，送亲友邻居。后来，多得拿去市场卖的时候有过，空桶而回的时候也有过。

鲻科的鱼，籽仔、加剥仔、粗鳞、乌仔，长得都很像，它们在闽南人当今鱼类食谱中的分量下降了，现代人不屑去分清，干脆统称鲻仔，或者籽仔。

内行人则可以借细微差别来分别：

乌仔是鲻鱼里的老大，头大而脑顶长平，胸鳍基部上方有一个黑斑，成鱼能有七八斤。龙海人看它圆而粗黑如吹火筒，叫它火管乌仔。

籽仔大名棱鲛，大的六七寸长，头部尖圆，从头端到第一背鳍有一条棱脊，其势如箭，箭头仔后来讹成了钱头仔、青头仔。它是闽南鲻科鱼类里最清丽娇小的，略扁的体侧上，十数道侧线穿绣银光熠熠的鳞片。它们把河口红树林当生息的密林，也喜欢随潮溯游

到内河，稍受惊吓，就一阵阵跃起、落下，那是闽南河口早年常见的景象。

依闽南海洋物候，稍迟于籽仔的是加剥仔。

加剥仔比籽仔圆壮勇猛些，眼大头平，脊色蓝黑，大的超过一尺。它下腹弧弯，如初孕圆凸，被称作加腹仔或厚腹仔，讹写为加剥仔、加目仔。

诸色鲻鱼中，好吃的是加剥仔，而最好吃的，是籽仔。北宋政治家王得臣在《尘史》里说："闽中鲜食，最珍者惟子鱼。"

子鱼即籽仔，说的是它在子月，即正月最肥美，故名。它产卵之际，常在蚝石上磨蹭放籽，渔民说"十二月十五，子母仔破肚"，哀怜它为后代辛苦。

籽仔和鲻科其他鱼类，海水淡水里都好养，很早就成为中国人尤其闽南人养殖的鱼类。在人工繁殖技术发明之前，闽南人养殖所用的，是从海域里捕捞的自然繁殖的天然鱼苗。闽南养鱼经说鱼苗

出现的月令，曰：一乌、二鲈、三籽仔、四加腹。

《海错百一录》里说子鱼："冬月脂膏满腹、渐欲盈子者最佳。至春放子，则瘦而无味。"

据说枫亭出身的宋代名臣蔡襄，以它为天下佳味，进献皇上，也仅六尾。

籽仔通身没有细骨，体肉丰厚而有脂香，至少在我家，最为祖父母喜食。做法也特别，用蒜葱姜三种爆锅，油必须猪油，据说是莆仙经典的爆锅方式。它以焦化的辛香做底衬，鱼脂香又兑入猪油香，鲜香到极致。

冬末半午，煎两三条，放汤煮线面。盛起来，碗面上翘着灰白半焦的鱼头，金澄澄鱼油漾泛青葱，小心翼翼端到公婆面前，是媳妇极讨人称赞的孝行。一碗能让公婆们在街坊夸说半个月。

图书在版编目（CIP）数据

藏在海洋里的小怪物 / 朱家麟著 . —厦门：鹭江
出版社，2020. 4
ISBN 978-7-5459-1736-9

Ⅰ . ①藏… Ⅱ . ①朱… Ⅲ . ①海洋生物—儿童读物
Ⅳ . ① Q178.53-49

中国版本图书馆 CIP 数据核字 (2020) 第 052496 号

CANG ZAI HAIYANG LI DE XIAOGUAIWU
藏在海洋里的小怪物
朱家麟 著

选题策划：陈　辉　谢福统
责任编辑：谢福统
插画绘制：庄南燕（题图）　陈思域（漫画）
装帧设计：黄　丹

出　　版：鹭江出版社
地　　址：厦门市湖明路 22 号　　　　　　　　邮政编码：361004
发　　行：福建新华发行（集团）有限责任公司
印　　刷：福州德安彩色印刷有限公司
地　　址：福州金山工业区浦上园 B 区 42 栋　　电话：0591-28059365
开　　本：700mm × 900mm　1/16
字　　数：118 千字
印　　张：9. 75
版　　次：2020 年 4 月第 1 版　　2020 年 4 月第 1 次印刷
书　　号：ISBN 978-7-5459-1736-9
定　　价：28. 00 元
如发现印装质量问题，请寄承印厂调换。